KB052191

서울 그린 트러스트

시민과 함께한 **녹색 도시** 만들기

서울, 그린, 트러스트

시민과 함께한 녹색 도시 만들기

초판 1쇄 펴낸날 2013년 11월 22일
엮은이 이강오
지은이 김완순, 김인호, 안계동, 양병이, 오충현, 이강오,
　　　　　이근향, 이민옥, 이우향, 이한아, 정욱주, 조경진, 허진숙
펴낸이 신현주
펴낸곳 나무도시
신고일 2006년 1월 24일 ‖ **신고번호** 제396-2010-000140호
주소 경기도 고양시 일산동구 장항동 733 한강세이프빌 201-4호
전화 031,915,3803 ‖ **팩스** 031,916,3803 ‖ **전자우편** namudosi@chol.com
편집 남기준 ‖ **디자인** 박선아
필름출력 한결그래픽스 ‖ **인쇄** 백산하이테크

ISBN 978-89-94452-22-7 93530

정가 18,000원

서울 그린 트러스트

시민과 함께한 녹색 도시 만들기

김완순
김인호
안계동
양병이
오충현
온수진
이강오
이근향
이민옥
이한아
정욱주
조경진
허진숙

나무도시

서울숲과 우리동네숲을 무대로 펼쳐진
시민과 행정, 전문가의 녹색 도시 만들기 하모니,
그 도전과 열정의 기록!

'서울', '그린', '트러스트' 라는
세 가지 키워드

서울그린트러스트 10년의 기록을 작성하기로 하였다. 솔직 담백하게 가감 없이 기록으로 남겨야 하기도 하고, 또 되도록 많은 사람들이 편하게 즐겨 읽을 만한 책을 만들어야 한다는 책임감을 갖고 이 일을 시작한다. 한 사람의 개인사도 아니고 많은 사람들이 함께 지내오면서 꿈꾸고, 그 꿈을 현실로 만들기도 하고, 실패도 하고 좌절도 한 우리들의 역사를 기록으로 남기는 것이 쉽지는 않은 일이지만, 서울그린트러스트가 우리 시대의 녹색 도시 만들기에 소중한 징검다리였음을, 그리고 지금도 진행형이라는 마음으로 우리의 10년을 『서울, 그린, 트러스트』라는 제목으로 남긴다. "우리 시대를 함께 살아가는 사람들이 이런 일도 해냈구나"라는 사실을 보다 많은 사람들이 알게 되고, 좀 더 기대한다면 도시의 발전과 시민의 삶의 질 향상에 참고가 될 만한 사례집으로 역할을 하게 되기를 희망한다.

이 책은 서울그린트러스트의 역사와 성과를 주요 사업별로 적절하게 배분하여, 크게 '서울숲', '우리동네숲', '시민참여와 거버넌스' 란 세 개의 장으로 구성하였다. 각각의 장에는 반드시 기록에 남겨야할 것을 이야기식으로 정리하였고, 좀 더 의미부여를 해야 하는 대목에서는 직접 활동을 담당하였거나 사업을 추진하였던 활동가와 임원들의 원고를 담아 이해를 돕고자 하였다(별도의 글쓴이 표기가 없는 원고는 엮은이가 집필하였음을 밝혀둔다). 책의 마지막 부분에는 2003년부터 10년 동안 한결같이 서울그린트러스트를 위해 일해오신 조경진, 김인호, 오충현 세 분의 교수로부터 도시혁신, 시민참여, 도시생태계의 관점에서 서울그린트러스트의 의미를 조명해본 논단을 실어, 미래의 서울그린트러스트를 상상해보고자 하였다.

책의 제목을 '서울, 그린, 트러스트'로 정한 것은 단순하게 서울그린트러스트를 직설적으로 내세우기 위해서가 아니고, 우리의 10년의 활동이 지향해 온 중요 키워드가 바로 이 세 가지로 수렴되기 때문이다. 대도시의 상징인 '서울'을, 시민들이 보다 살기 좋은 '녹색' 도시로 바꿔나가기 위해, 시민과 행정과 전문가가 머리를 맞대보자고 모인 '트러스트'이니, 우리에게 이보다 핵심적인 키워드는 없지 않을까.

당연한 이야기이지만, 이 책의 완성은 단순히 글쓰기에 참여한 몇몇 필진들에 의해서가 아니고, 서울그린트러스트에서 10년간 활동해 온 모든 상근활동가, 자원활동가, 사회봉사자, 전문가 볼런티어, 설계가, 시공사, 행정 공무원, 기업 후원자들의 땀과 노력에 의한 것이다. 이 책에 등장하는 분들은 물론이고, 서울그린트러스트의 10년을 함께 만들어온 모든 분들에게 진심으로 감사의 인사를 드린다.

끝으로 서울그린트러스트 창립 멤버이시고 상임이사를 역임하시다가, 지난 2009년에 혈액암으로 쓰러지신 고故 김형진 변호사님의 영전에 이 책을 바친다.

2013년의 어느 가을날
서울숲 언저리의 녹색공유센터에서
이강오

서울그린트러스트의
새로운 10년을 준비하며

서울그린트러스트 창립 10주년을 맞이해 그동안의 성과와 과제, 주요 사업을 집약한 『서울, 그린, 트러스트』를 펴낸다. 이는 서울그린트러스트 가족들에게도 무척 뜻 깊은 일이지만, 우리 사회에도 매우 의미 있는 일이 아닐 수 없다.

서울그린트러스트를 백과사전에서는 다음과 같이 소개하고 있다. "서울그린트러스트는 시민의 참여와 봉사를 바탕으로 서울시 생활권 녹지를 확대·보존할 목적으로 2003년 7월 24일 설립 허가된 대한민국 산림청 소관의 재단법인이다." 이 소개문이 서울그린트러스트를 압축적으로 잘 설명하고 있다고 생각된다. 서울그린트러스트는 2003년 3월 (사)생명의숲국민운동과 서울시 간에 서울그린트러스트 협약을 체결함으로써 시작되었다고 볼 수 있다. 서울그린트러스트가 창립될 때 (사)생명의숲은 서울그린트러스트의 비전이라 할 수 있는 '서울그린비전2020'을 서울시민들에게 발표한 바 있다. "다음 세대를 위한 도시숲의 확대, 시민참여형 공원 만들기, 도시숲의 생태적 건강성 회복, 도시공동체 회복"이라는 네 가지 핵심 비전이 바로 그것으로, 서울그린트러스트는 이를 바탕으로 출범하였다.

　그해 5월에는 서울숲 내의 3,800여평 부지에 시민기금으로 서울그린트러스트 숲을 조성하는 첫 사업에 착수했다. 도시공원을 조성하는 과정에서 우리나라 최초로 시민들이 직접 나무를 기증하고 심어서 숲을 조성하는 일을 주도적으로 수행하면서 시정부와 시민들이 함께 시민참여형 공원을 만들어나갈 수 있는 시스템을 만든 것이다. 서울숲이 조성된 후에는 서울그린트러스트가 서울숲의 공원 관리에도 직접 참여해 공원 운영 프로그램을 개발 및 추진했고, 공원 관리에 시민과 기업들이 자원봉사를 할 수 있는 자원봉사 프로그램도 지속적으로 운영했다. 서울숲의 자원봉사자들은 '서울숲사랑모임' 이라는 단체를 구성해 자원봉사 활동이 더욱 활성화되는 데 큰 역할을 하고 있다. 서울숲의 경우, 서울시는 공원의 하드웨어를 주로 담당해서 관리하고 서울그린트러스트는 소프트웨어를 주로 담당해서 운영해 왔다고 할 수 있다. 서울숲의 관리 예산은 시정부의 예산만으로 짜여지지 않고, 서울그린트러스트가 다양한 모금 활동을 통해 시민이나 기업으로부터 뜻깊은 후원을 받아 상당 부분을 충당하고 있다.

　　지난 10년간 서울숲의 조성과정에서부터 공원의 관리까지 모든 단계에서 서울그린트러스트가 시민과 기업의 참여를 적극적으로 끌어냈다는 점과 공원의 운영 프로그램을 다양하게 개발해 운영했다는 점에서 서울그린트러스트의 역할과 기여도는 매우 컸다고 할 수 있다. 서울숲은 우리나라 기존의 도시공원과 완전히 다른 새로운 조성과 운영방법을 제시함으로써 다른 공원들의 벤치마킹 사례가 되었다. 서울그린트러스트는 난지도 골프장을 공원으로 조성하도록 촉구하는 서명운동에도 적극 참여하여 골프장을 노을공원으로 전환시키는 데 일조했다. 또한 서울숲에만 머물지 않고 2007년부터 서울시내의 동네숲 조성 사업을 적극적으로 전개하고 있다. 동네숲 조성사업은 버려진 채로 있는 서울시내의 자투리 땅을 찾아내어 그곳에 공원이나 숲을 조성함으로써 동네사람들의 휴식공간과 소통의 공간이 되도록 하는 사업이다. 이러한 동네숲의 지속적인 전개를 위해, 서울그린트러스트는 한국씨티은행과 그린씨티-우리동네숲 만들기 협약을 체결하여 재정적인 후원이 지속적으로 이루어지도록 하였다. 2013년 6월 현재까지 총 26개소의 우리 동네숲이 조성되었으며 일부 사업대상지는 동네숲의 조성을 계기로 주민 공동체가 형성되어 주민들간의 소통과 공동 사업이 활발히 전개되는 사례도 나타나고 있다. 동네숲 조성 사업은 초창기에는 서울시내의 자투리 땅을 활용해 공원이나 숲을 조성하는 데에만 초점이 맞춰져 있었지만, 2009년부터는 환경복지 차원에서 동네숲의 대상지를 소외계층의 주거공간으로까지 확대하였다.

서울그린트러스트는 도시민들의 농업에 대한 향수와 건강한 먹거리에 대한 욕구를 충족시키기 위해 2009년부터는 도시농업 활성화를 위한 활동을 전개하여 상자텃밭 사업을 시행하고 있다. 첫 해에는 송파구와 협약을 체결하여 송파솔이텃밭을 개장 하였는데 지금까지 인기리에 텃밭이 운영되고 있다. 상자텃밭, 주머니텃밭, 그리고 도시텃밭 사업은 지금까지 꾸준히 진행하고 있으며, 이에 대한 수요 역시 지속적으로 증가하고 있는 추세이다.

서울그린트러스트는 서울시의 주요 공원 사업에도 시민참여를 유도하여 적지 않은 기여를 한 바 있다. 강북에 있는 북서울꿈의숲을 조성하는 과정에서는 시민들이 나무와 벤치를 기증하고 직접 기념식수를 하도록 유도하였는데, 북서울꿈의숲에 식재된 수목의 상당부분은 시민들이 기증한 수목들이고 벤치 역시 시민들이 기증한 벤치가 다수 설치되었다. 서울시 구로구 항동에 조성된 푸른수목원 내의 숲교육센터는 KB금융의 재정 지원을 받아 건립하였으며, 2013년 3~4월에는 한강고수부지에 한강숲을 조성하기 위해 시민과 기업의 기부를 받아 나무 심기 행사를 개최하였다.

서울그린트러스트는 그동안의 활동 성과를 높이 평가받아 2007년에는 제2회 대한민국 녹색대상 우수상을 수상한 바 있고, 2008년에는 서울시 환경상을 수상하였다.

지난 10년을 돌아볼 때 서울그린트러스트는 여러 가지 성과를 거두었다고 판단된다. 그중 중요한 성과만을 살펴보면 다음과 같이 정리해 볼 수 있다.

첫째, 도시공원의 새로운 패러다임을 제공하였다고 생각된다. 그동안 우리나라 도시공원의 조성과 관리는 전적으로 정부의 몫으로 여겨져, 정부 혼자 독자적으로 조성하고 관리해 왔었다. 그러나 서울숲의 조성과 관리에 서울그린트러스트가 참여하면서부터 민관파트너십으로 운영하는 도시공원이 탄생하게 되었다.

둘째, 도시공원의 재정적 자립을 향한 첫 발걸음을 내딛게 되었다. 서울숲의 조성과정에서도 기업과 시민의 기부로 조성 비용의 일부를 충당하였으며, 운영과정에서도 매년 3억원 내외의 운영 예산을 충당하고 있다. 시정부의 예산이 점점 줄어들고 있어 부득이 도시공원의 예산도 축소되는 상황에서 도시공원의 재정적 자립도가 높아진다면 시정부의 입장에서도 매우 바람직한 일이라 생각된다.

셋째, 서울그린트러스트가 동네숲을 통해 자투리 땅의 녹화를 전개함으로써 도시공원 조성과 녹화의 새로운 돌파구를 마련했다고 할 수 있다. 서울과 같은 대도시에는 넓은 면적의 빈 땅이 거의 없어서 공원 조성을 위한 공원 부지 확보가 매우 어려운 실정이다. 2007년부터 서울그린트러스트가 버려진 땅으로 남아있는 자투리 땅을 찾아내 그곳을 동네숲이라는 이름의 소공원으로 조성함으로써 녹색 도시 만들기의 새로운 돌파구를 마련하게 되었다.

넷째, 서울과 같은 대도시에서 사라져 버린 공동체(커뮤니티) 의식을 회복시키는 데 큰 기여를 하였다. 특히 동네숲을 만들어가는 과정에서 동네주민들의 참여를 적극적으로 유도함으로써, 이 사업에 참여했던 동네주민들을 중심으로 하나의 동네공동체가 형성되는 이상적인 결과를 얻을 수 있었다. 주민들 간에 소통이 원활해지자 자체적으로 주민 공동 사업을 전개하는 등, 동네숲에서 잉태된 다양한 공동체 사업이 탄생하고 있다.

다섯째, 서울그린트러스트는 우리나라에서 아직 도시농업에 대한 토양이 척박했던 2009년부터 도시농업 활동을 전개하였으며 이를 통해 우리나라 지방자치단체의 도시농업 사업 활성화에 기여하였다. 2009년에 추진한 상자텃밭 사업뿐만 아니라 송파구와 함께 진행한 텃밭 분양 사업 역시 시민들로부터 좋은 호응을 얻은 바 있다. 그 후 다른 지방자치단체들이 도시농업 장려 활동에 적극적으로 참여하기 시작하였고, 중앙정부에서는 '도시농업의 육성 및 지원에 관한 법'을 제정하기도 하였다.

여섯째, 공원과 숲을 통한 환경복지를 실천하는 데 기여하였다. 서울그린트러스트는 동네숲 사업의 대상지역을 소외계층이 거주하는 지역으로 전환하여, 소외된 지역의 환경을 개선하고, 주민 스스로 동네숲을 돌보게 함으로써 공동체 활성화에도 기여하고 있다.

서울그린트러스트는 10주년을 맞이하여 새로운 10년의 비전을 준비 중에 있다. 지난 10년의 성과가 다른 도시에도 영향을 미쳐 서울그린트러스트의 활동을 벤치마킹한 사례가 늘고 있는 것은 무척 고무적인 일인 동시에 책임감을 더욱 느끼게 하는 현상이다. 일례로, 부산에는 부산그린트러스트가 설립되었고, 수원에는 수원그린트러스트가 탄생되었다. 예상하건대 더 많은 도시에서 서울그린트러스트를 모델로 한 그린트러스트라는 이름을 붙인 시민단체가 탄생될 것으로 예상된다. 가장 앞서가는 자는 항상 새로운 길을 개척해야 하기 때문에 외롭고 어려운 법이다. 서울그린트러스트는 앞으로의 10년 동안 또 다른 새로운 길을 개척해야 하는 변화의 순간에 직면해 있다. 어렵고 힘든 길이 될 것이다. 하지만 지난 10년간 새로운 길을 잘 개척하며 달려왔듯이 다가오는 10년 역시 새로운 길을 잘 개척할 수 있을 것이라고 굳게 믿는 바이다.

지난 10년 동안 서울그린트러스트를 재정적으로 후원해 주신 기업들과 시민들 그리고 자원봉사 활동을 헌신적으로 해주신 서울숲사랑모임의 회원님들께 깊이 감사를 드린다. 또한 어려운 여건에서도 서울그린트러스트를 잘 이끌어주신 고문님들과 이사님, 운영위원님들께도 진심으로 감사드린다. 주말에 쉬지 못하고 쉴 새 없이 달려온 사무처의 식구들에게도 감사드리며 서울숲을 관리하는 책임을 맡고 계시는 서울숲관리사무소의 소장님과 직원들께도 감사드린다.

서울그린트러스트 10년의 기록을 위해 원고 집필의 어려운 책무를 맡아준 필자분들께도 감사드리며, 기꺼이 출판을 맡아준 나무도시에도 감사드린다.

2013년 11월
(재)서울그린트러스트 2대 이사장
양병이

차례

1장
서울숲

"생명의숲 특별위원회에서 마련한 '서울그린비전2020'은 그 작성 과정에서도 민관 파트너십의 모범을 잘 보여줬다. 민간 전문가뿐만 아니라 행정 안에서도 혁신적 가치를 가지고 있던 공무원이 적극 참여하고, 서울연구원에서 축적된 자료들이 충분히 활용되어 초안이 작성될 수 있었다. 전략 수립은 수십 차례에 걸친 워크숍과 브레인스토밍을 통해 이루어졌다. 닫힌 공간에서 공무원과 소수의 전문가의 두뇌에 의해 만들어진 비전과 전략이 아니고, 현장에서 뛰는 시민운동가와 전문가와 기업인 등이 함께 뒹굴면서 만들었기에 이전의 전략 계획보다도 훨씬 실천력을 담보하고 있다는 데 큰 의미를 둘 수 있다."

재크와
콩나무

서울그린트러스트의 태동 과정

시작하면서

2002년 겨울 어느 날, 당시 문국현 생명의숲 공동대표와 건국대 김재현 교수가 느닷없는 제안을 해왔다. 내년부터 서울시와 함께 서울그린트러스트라는 새로운 민관 파트너십 운동을 시작하는데, 내가 그 역할을 맡아줄 수 없겠냐는 것이었다. 5년간의 생명의숲 활동을 접고 해외유학을 준비하던 상황이라 심각한 고민이 아닐 수 없었다. 당고개에 살던 나는 집 앞 불암산을 올랐다. 멀리 노원의 아파트 숲이 눈앞을 가득 채웠다. 한겨울이어서 그런지 도시에 나무라고는 찾아볼 수 없었고, 창동차량기지의 공터가 눈에 들어왔다. 저 땅에 『재크와 콩나무』 동화처럼 나무들이 자라고 온 도시가 녹색으로 덮인다면 얼마나 좋을까? 그런 일이라면 인생을 걸고 해볼 수 있지 않을까하는 생각이 들었다. 지금 생각해보면 참으로 무모한 결정이고 판단이었다. 가끔씩 그 장면을 떠올리면서 나 혼자 씁쓸하게 웃고는 한다.

아무리 훌륭한 계획도
시민과 공유되지 않는 계획은
지속가능하지 않다

서울그린비전2020

내가 결합할 때는 이미 '서울그린비전2020'이
생명의숲 특별위원회에서 작성되었다. 그린비
전2020의 핵심적인 내용은 크게 네 가지의 가
치로 설명된다.

첫째, 다음 세대를 위한 1평 늘리기. 세계보건기구WHO에서 제시하는 쾌적한 삶
을 위한 도시민의 생활권 녹지 면적 기준 1인당 9㎡의 녹지를 확보, 시민 1인당 1
평의 도시숲을 늘리면 1000만평의 새로운 도시숲을 확보할 수 있다.

둘째, 시민 참여. 도시의 주인은 시민이고, 도시숲의 확대와 수준 높은 유지 관
리를 위해서는 시민참여가 필수적이다.

셋째, 생태적 건강성. 시설 중심의 도시숲이 아닌 생태적으로 건강하고 지속가
능한 도시숲을 조성·운영해야 한다.

넷째, 공동체. 도시숲을 통해 도시 공동체가 회복될 수 있으며, 이를 위해 다양
한 공동체 프로그램이 도입되어야 한다.

서울그린비전2020은 그 작성과정에서도 '민관 파트너십'의 모범을 잘 보여줬
다. 민간 전문가뿐만 아니라 행정 안에서도 혁신적 가치를 가지고 있던 공무원
이 적극 참여하고, 서울연구원(당시 시정개발연구원)에서 축적된 자료들이 충분히 활
용되어 초안이 작성될 수 있었다. 전략 수립은 수십 차례에 걸친 워크숍과 브레
인스토밍을 통해 이루어졌다. 전통적으로 도시의 전략과 계획 수립은 소수의 전
문가가 다수 시민의 의견을 청취하고 작성하는 방식으로 진행되어 왔다. 그러나

이는 전문가의 역량에 전적으로 의존한 계획 수립이며 사회적 합의 형성에 매우 취약하다. 최근 서울시의 정책과 전략 수립이 폭넓고 반복적인 워크숍을 통해 이루어지는 사례를 목격할 수 있는데, 우리는 10년 전에 이미 민주적이고 진취적인 과정을 통해서 '서울그린비전2020'을 만들었다. 닫힌 공간에서 공무원과 소수의 전문가의 두뇌에 의해 만들어진 비전과 전략이 아니고, 현장에서 뛰는 시민운동가와 전문가와 기업인 등이 함께 뒹굴면서 만들었기에 이전의 전략 계획보다도 훨씬 실천력을 담보하고 있다는 데 큰 의미를 둘 수 있다. 그러나 아쉬운 점은 이 비전이 좀 더 다양한 방식으로 시민과 소통하고 발전될 수 있는 기회를 만들지 못했다는 점이다. 이후 2005년도에 '서울그린비전2020'의 실천 전략에 대한 연구를 진행하였지만, 적극 활용되지 못하고 서랍 속에 묻혀버리고 말았다.

도시 차원의 전략 계획이나 비전 수립과 관련하여 이후 런던이나 뉴욕의 계획 사례를 검토하였을 때 그 내용과 방법에서도 우수하지만, 인상적인 것은 전략 계획을 수립하는 과정에서 수많은 개방적 워크숍과 세미나, 타운홀미팅이 진행된다는 점이었다. 그리고 반드시 최소 1년 단위의 진도 보고서progress report를 만들고 온오프라인으로 시민과 공유한다. 아무리 훌륭한 계획서도 시민과 공유하지 않으면 그저 문서에 불과한 것이다.

최초의 정관과 협약의 문구가
10년 후 조직의 미래를 결정한다

정관 작성

2003년 2월, 서울그린트러스트 창립 과정에서 가장 중요한 역할을 하였던 초대 운영위원장 고 김형진 변호사와 10여명의 준비위원들이 서울그린트러스트 정관 작업, 서울시와의 파트너십 협약서MOU 작업을 하였다. 지금도 창립 멤버들이 모이면, 분당환경시민의모임에서 운영하는 맹산반딧불이자연학교 원두막에 모여 열띤 토론을 하던 그때를 가끔씩 추억하곤 한다. 대충대충 해도 될법한데, 당시 김형진 변호사의 치밀함과 끈질김에 감동하고 말았다. 그 당시 나의 상식으로는 보통 단체의 정관을 만들 때 다른 단체의 사례를 보고 대충하는 경우가 많았다. 그러나 정관이나 협약서의 문구를 만드는 것은 굉장히 신중해야 한다. 사업 목적의 경우 더욱 그렇다. 너무 구체적이어도 문제가 있고, 너무 포괄적이어도 문제가 생길 수 있다.

시민단체뿐만 아니라 기업과 행정에도 항상 변호사들이 돕고 있는 이유가 있는 것이다. 물론 시간이 지나면 여건에 따라 정관의 변경은 불가피하다. 서울그린트러스트의 경우도 사업 목적을 두 번 변경하였는데, 사회적 기업 창업과 녹색공유센터의 대관 업무를 위한 사업 목적의 추가 정도였다. 사업 목적 외에 임원의 역할과 임기도 매우 중요하다. 조직 구성원의 책임과 역할에 대해서 명료하게 정리해두어야 하며, 실제 조직을 구성할 때도 정관상의 임원과 사무국의 역할을 잘 지킬 필요가 있다. 개인적으로 이 점이 서울그린트러스트에서 가장 부족한 부분이었다고 생각한다. 필요와 상황에 따라 이사, 운영위원, 상근조직의 역할이 부분적으로 변할 수는 있지만, 가장 기본적인 틀만큼은 변하지 말아야 한다.

초대 이사회 구성

서울그린트러스트 초대 이사회의 구성은 민관 파트너십이라는 틀에서 매우 중요한 의미를 가지고 있다. 최초 이사회는 파트너십의 당사자인 생명의숲 추천 3인, 서울시 추천 3인으로 구성하기로 하였으며, 여기에 기업인, 전문가, 언론·법조인, 시민사회 등으로 생명의숲과 서울시를 포함하여 총 6개 그룹에서 3인씩 18인으로 구성하였다. 그린트러스트와 같은 단체는 이슈파이팅을 목적으로 하지 않기 때문에 그 지도층이 선명한 이미지를 가질 필요는 없다. 오히려 다양한 네트워크를 구성할 수 있는 여러 영역의 인사들이 참여하는 게 중요하다. 또한 임원들과 비전을 공유하고 임원들 스스로 조직에 작은 부분이라도 기여하게 해야 조직이 지속가능하다.

솔직히 고백하건데, 초기 서울그린트러스트는 문국현 전 대표의 강력한 리더십이 있었기에 가능하였다. 서울과 공원에 대한 식견, 모금에 대한 네트워크와 역량, 시장과의 협상력 등 모든 면에서 완벽한 조건을 가지고 있었다. 또한 그린트러스트 운동에 대한 열정이 남달라 중요한 시기에는 나와 거의 일주일에 한 번씩 만날 정도였다. 당시 유한킴벌리 임직원도 이처럼 자주 만나지는 못하였다. 초기 4~5년은 어려움이 많았지만 강력한 리더십 덕분에 슬기롭게 극복해나갈 수 있었다. 하지만 강력한 리더십이 갖는 단점은, 다른 구성원의 역할이 상대적으로 약해져서 그가 없을 때에 드러난다.

이사의 임기를 정하는 것도 전체 이사의 1/3은 첫 번째 임기를 1년, 1/3은 2년, 나머지 1/3은 3년으로 하여 임원 전체가 동시에 임기가 만료되는 것을 예방하였다. 이 시스템은 초기에는 잘 지켜졌으나, 임기가 3차례 정도 순환되면서 매우 복잡해져버렸다. 결국 10주년에 이사회를 새롭게 재구성할 수밖에 없는 상황에 이르게 되었다. 그러나 이 문제가 시스템 오류가 아니라 운영상의 실수로 빚어진 것이기 때문에, 한 단체의 창립 과정에 적용할만한 시스템이라 볼 수 있다.

서울그린트러스트는 창립 이사회 보다는 3월에 개최된 협약식이 훨씬 중요한 의미를 갖는다. 협약식 때 찍었던 사진 한 장이 역사를 증명해 주고 있다. 맨 앞에 생명의숲 김후란 대표와 이명박 전 서울시장이 협약서를 주고받고 있으며, 그 주변으로 시민사회 대표, 기업인 대표, 산림청장이 이 약속의 가치를 확인시켜주고 있다.

재단법인, 기금 또는 사단법인

서울그린트러스트가 2003년 3월 18일 발족식과 사업설명회를 하고 나서도 창립이사회를 하기까지는 약 3개월의 시간이 걸렸다. 그 사이 서울그린트러스트의 조직 형태에 대해 많은 논란이 있었다. 결국 재단법인을 설립하기에 이르렀지만, 당시에는 기금으로 구성하는 것을 선호하였다. 생명의숲과 서울시가 '서울그린트러스트 기금'을 조성하고 기금 이사회에서 기금 운영에 대한 의사결정

2003년 3월 18일에
개최된 서울그린트
러스트 협약식

을 하고, 두 기관이 이를 집행하는 방식이다. 그러나 기금에 대한 논의는 서울시의 거부로 더 이상 진전이 이루어지지 않았다. 별도의 실천을 위한 파트너십 조직을 만들어야 한다는 논리였다. 다시 재단법인과 사단법인으로 논의가 집중되었다. 여전히 우리는 재단법인과 사단법인을 제대로 구분하지 못했었던 것 같다. 그 당시 헤매고 있는 나에게 문국현 대표가 명쾌한 해답을 주었다. "사단법인은 사람이 모여서 결정하는 것이고, 재단법인은 재산이 말을 해줍니다. 사단법인은 법인을 구성하는 회원들의 총회에서 법인의 목적도 바꿀 수 있지만, 재단법인은 법인의 목적을 바꾸는 순간 해산해야 됩니다." 결국 도시숲을 조성하고 지키고 가꾸는 우리의 사명에는 재단법인이 더욱 적합하겠다는 결론을 맺게 되었고, 2003년 6월 24일 서울그린트러스트 창립 이사회가 개최된다. 재단법인이란 워낙에 출연된 목적재산을 목적에 맞게 관리하는 조직이어야 하나, 현실 세계에서는 재단 설립 요건만 충족하면 재단으로서 활동이 가능하다. 초기에는 생명의숲의 5억원 출연으로 시작되었다. 서울그린트러스트가 아직 법인화 되지 않은 관계로 2003년 서울숲 첫 번째 나무 심기 행사를 위해 생명의숲에서 5억원 상당을 모금하고, 나무를 심고 그 수목 재산으로 재단을 설립할 수 있었다.

이후 서울그린트러스트는 재단으로 성장(즉, 재산을 축적)하기 위해 여러 가지 모색을 하였지만, 결국 그 뜻을 이루지는 못하였다. 매년 당해년도 사업을 위해 모금하고 집행하는 데 바빴고, 축적은커녕 연말 수지 맞추는 데 급급하였다. 이렇게 된 이유에는 뼈아픈 자기반성도 있어야 하겠지만, 우리 사회의 한계도 있다는 생각이 든다. 과연 우리가 모금에 전력을 다했다면 어떠했을까? 과연 서울그린트러스트는 생존할 수 있었을까? 비교대상으로 '아름다운 재단'을 생각해 볼수 있다. 그러나 사회복지분야의 재단과 공원녹지분야의 재단은 노는 물이 다르고, 여건이 크게 다르다. 사회복지분야에는 공원녹지와 달리 수많은 자생적인 단체와 수혜를 기다리는 지역의 풀뿌리 조직이 즐비하다. 수요가 많은 만큼 후원자도 많다. 도시숲, 도시공원분야에는 모금을 한다 해도 이를 배분할 곳이 마땅치 않다. 도시공원재단과 비영리단체가 발달한 미국에서도 환경분야 기부금은 전체 기부금의 5%에 불과하다고 한다. 결과적으로 서울그린트러스트는 자의반 타의반 '시민운동하는 재단'으로 달려오게 되었다. 그래도 그린트러스트가 가지고 있는 재산은 모두 나무와 숲으로 이루어져 있어서, 훼손되지 않는 이상 자산가치는 끊임없이 증가하고 있는 재단이다.

초기 서울그린트러스트는 온전히 서울숲에만 집중했다. 설립 초기 5년(2003~2007년) 동안 다른 곳을 돌아볼 여유 없이 오로지 서울숲의 조성과 운영에만 모든 노력을 경주한 것이다. 그린벨트 보존 등 정말 신탁운동다운 일들을 몇 번 기획해 봤지만, 항상 다시 서울숲 울타리로 돌아왔다.

"책 읽는 공원 캠페인은 오랫동안 서울그린트러스트에 문화전문가로서 도움을 준 추계예술대학의 박은실 교수가 제안하였다. 긍정적인 공원 문화를 세움으로써 자연스럽게 부정적 문화들이 자리를 잡지 못하도록 하자는 의도였다. 대학생과 기업 임직원의 사회봉사실로 쓰이던 10평 남짓한 공간을 개조하여 '숲속 작은 도서관'을 만들고 책수레를 만들어 주말이면 공원을 돌며 책 읽는 문화를 만들기로 하였다. 유급의 청년활동가 대신에 대학생 자원봉사자들이 그 역할을 해주었으며 책에 관심이 많았던 이주그룹에서 흔쾌히 도서관과 책수레를 만드는데 후원을 해주었다. 또한 가을 페스티벌에서 책과 관련된 주제의 축제를 개최하였다."

문화발전소,
서울숲

시민참여 공원 운영의 초기,
서울숲사랑모임의 태동

새로운 도시공원
운영을 꿈꾸다

2005년 6월 서울숲이 개원하면서 물밀듯 인파가 몰려왔다. 이후에 만들어진 북서울
꿈의숲도 마찬가지였듯이 새로운 공원이 만들어지면 많은 사람들에게 궁금증을 자
아내게 되는 것 같다. 또한 공원을 조성한 시정부 입장에서는 흥행을 고려하여 과장
된 홍보를 하고 KBS 열린음악회 개최를 비롯하여, 개원 기념 축제를 기획하기 때문에
공원의 용량을 초과한 수많은 인파가 서울숲을 단순한 구경거리로 인식하고 찾아왔
다. 시장과 공무원은 무언가 자신의 성과를 보여주는 데 급급하지 않았나 싶다. 그런
성과를 부풀리고 홍보하는 것이 당연한 것처럼 여겨지는 사회에 우리는 살고 있다.

서울숲 개원 행사(상, 좌)

서울숲 개원 안내 리플렛과
행사 프로그램(우)

아직 자리 잡지 않은 수목들과 꽃과 잔디가 훼손되는 것은 당연한 결과이다. 충분한 시간을 갖고 안정된 상태에서 대중들에게 개방하는 유럽이나 북미의 공원들이 부럽기만 했다. 공원 관리에 전혀 경험이 없던 시민단체들 입장에서는 당황스러운 일의 연속이었고, 단속과 계도 위주의 행정지휘에 따를 수밖에 없는 상황이었다.

공원의 개원에 대하여 몇 가지 생각해볼 것
하나. 공원을 개원하기에 적합한 계절
하나. 공원 조성이 마무리된 후 운영 관리 리허설을 가져야하는 기간
하나. 공원의 성공적인 개원의 의미

우리는 2004년부터 자원활동가를 모집·교육하고 한창 진행중인 공사현장에서 생태문화 프로그램을 운영할 수 있는 자원활동가를 양성하였으며, 2005년 서울숲이 개원하기 몇 달 전부터 준비위원회를 운영하였다. 또한 서울숲사랑모임Seoul Forest Park Conservancy 을 조직하고, 상근활동가를 선발하여 개원을 어떻게 맞이할 것인지 준비하고 있었다. 그러나 그런 준비는 무용지물이 되었다. 개원 한 달 동안, 수많은 인파에 놀란 나머지, 행사기획사 정도의 역할밖에 하지 못하였다. 그럼에도 불구하고 우리가 초기에 작성하였던 개원 행사 프로그램은 나름 고민도 많았고 의미도 있다고 보아, 이곳에 그 자료를 남겨본다. 특히 문화단체인 유알아트와 함께 기획한 참여 프로그램들이 돋보인다.

그 해 여름은 무척 무더웠고 인근 주민들은 밤늦도록 서울숲에서 더위를 식히고 있었다. 두 달이 지났지만 방문객의 숫자는 줄어들지 않았으며, 행정은 공원 주변의 불법주차와 자장면·피자 배달 오토바이 단속에 여념이 없었다. 바다에서 섬까지 자장면을 배달한다는 시절이어서 방문객들은 당연한 듯 음식 배달을 시키고, 남는 음식찌꺼기는 도둑고양이의 양식이 되어 공원이 쓰레기장이 되는 악순환이 계속 되고 있었다. 서울숲 인근 지역은 성동구 성수동 지역으로 서울에서 유일하게 남은 준공업지역 중 하나이다. 공원의 디자인은 멋진 센트럴파크나 하이드파크의 느낌을 주지만 그곳을 이용하는 시민들의 문화는 한마디로 유원지의 향락 문화였다. 서울숲이라는 대형 도심공원에서 노인들의 화투판과 늦은 밤까지의 음주가 일상화되었다.

서울숲사랑모임은 공원의 안내와 생태 문화 프로그램, 그리고 자원봉사와 지역사회와의 커뮤니케이션을 목적으로 조직되었지만, 가장 우선해야 할 일은 공원의 안전과 쾌적성, 그리고 건강한 문화를 만드는 것이었다. 공원 조성에 함께 하였던 기업들의 후원으로 청년활동가 기금을 만들고 청년들을 100여명 뽑아서(시급제 아르바이트) 2교대로 공원의 무질서를 단속하고 계도하는 일을 시작하였다. 서울그린트러스트 임원들이 직접 나서서 캠페인을 벌이기도 하였다. 기업의 대표와 교수들이 서울숲에서 어깨띠를 두르고 휴지를 줍는 장면은 두고두고 기억에 남을 만한 일이었다. 청년들은 새벽 2시까지 음주를 계도하고, 공공에 해를 끼치는 부적절한 행위를 단속하였다. 지금 생각해보면 우리에게 경찰공무원과 같은 권한이 없었음에도 불구하고, 서울숲을 함께 만들었던 책임감만으로 그런 역할을 하지 않았나 싶다. 가을에 접어들고 쌀쌀해지면서 서울숲의 방문객 숫자가 줄어들고 계속 우리가 이런 계도 활동을 해야 할지 고민에 빠지기 시작하였다. 계도 활동 중에서 이런 에피소드도 있었다. 공원을 둘러보고 있는데 우리 청년활동가 한 명과 할아버지가 다투고 있었다. 이유인즉, "공원 벤치에 앉아 젊은 애들이 쪽쪽(?)거리는 것은 풍기문란 아니냐, 왜 우리 영감들이 공원에서 소주 한 잔 하는 것을 단속하느냐" 하는 것이었다.

새로운 시도 -
책 읽는 공원 캠페인

한 공간에서 두 가지 문화가 충돌하는 모습이다. 이런 현상은 공원 곳곳에서 다양한 연령대가 만나면서 서로 가지고 있는 문화의 차이를 보여주는 것으로, 어떤 시기에는 문화의 충돌이기도 하고, 또 어떤 경우에는 문화의 다양성으로 이해될 수 있을 것이다. 여하튼 우리는 계도와 단속과 같은 부정적인 캠페인은 시민단체가 할 일이 아니라고 판단하고 대안을 고민하기 시작하였다. 보다 긍정적인 방식은 없을까 고민하는 과정에서 '책 읽는 공원 캠페인'을 기획하기에 이르렀다. 책 읽는 공원 캠페인은 오랫동안 서울그린트러스트에 문화전문가로서 도움을 준 추계예술대학의 박은실 교수가 제안하였다. 긍정적인 공원문화를 세움으로써 자연스럽게 부정적 문화들이 자리를 잡지 못하도록 하자는 의도였다. 대학생과 기업 임직원의 사회봉사실로 쓰이던 10평 남짓한 공간을 개조하여 '숲속 작은 도서관'을 만들고 책수레를 만들어 주말이면 공원을 돌며 책 읽는 문화를 만들기로 하였다. 유급의 청년활동가 대신 대학생 자원봉사자들이 그 역할을 해주었으며 책에 관심이 많았던 아주그룹에서 흔쾌히 도서관과 책수레를 만드는데 후원을 해주었다. 책과 관련한 프로그램으로 유명인사를 모셔와 책 사인회도 개최하고, 가을 페스티벌에 책과 관련된 주제로 축제를 개최하였다. 우리가 노력한 결과인지, 공원이 안정되면서 나타나는 자연스러운 결과인지는 모르겠지만 이듬해 공원 이용 행태는 훨씬 안정을 찾게 되었고, 나중에 여러 공원에서 서울숲의 '책 읽는 공원 캠페인'을 벤치마킹 한 것을 보면 우리의 프로젝트가 나름 성공적이었다고 볼 수 있다. 2005년 당시에 지하철에서도 양심책꽂이 사업이 진행되었는데, 한 주간에 책 분실율이 90%에 가까웠던 반면, 서울숲의 책수레는 2개월 동안 분실율이 10%에도 미치지 않았다. '책 읽는 공원 캠페인'으로 인해 우리는 매년 새로운 캠페인을 계획하였고, 우리나라 도시공원에서는 최초로 연간 운영 목표를 갖는 공원이 되었다.

숲속 작은 도서관과
책 읽는 공원 캠페인

운영에서 이런 혁신이 이루어진 것과 동시에 관리 측면에서도 매우 혁신적인 일이 벌어졌다. 쾌적한 공원의 첫 번째 조건은 청결이다. 공원 매점에서는 라면을 포함해 모든 식료품들이 판매되었고, 방문객 숫자만큼 쓰레기가 넘쳐나면서 하루에 몇 톤의 쓰레기가 나올 정도였고, 공원 쓰레기통은 일반적인 불투명 자루를 사용하여 분리수거가 철저하지 않았다. 이때 분리수거 문제를 해결하기 위하여 당시 서울숲 운영 관리의 총책임자였던 최광빈 과장(2010~2012년까지 푸른도시국장 역임)이 투명한 비닐 쓰레기통을 도입하였다. 단순한 아이디어였지만 의외로 투명한 쓰레기통은 분리수거를 활성화시켰으며 쓰레기 양도 감소시켰다. 아이디어는 더욱 발전하여 재활용품은 투명 봉지에, 일반쓰레기는 불투명 가마니로 정착되었으며, 이 아이디어는 나중에 대다수 공원에 적용되었다.

사소한 것이지만 한 사람의 창의적인 아이디어가 세상을 변화시킨다. 꾸리찌바의 유명한 큐브 대중교통 시스템에서 대합실 역할을 하는 큐브의 문과 버스의 문을 일치시키기 위해서 꾸리찌바 시에서는 많은 연구투자비를 지출하였지만 문제를 쉽게 해결할 수 없었다. 이때 한 버스 운전사가 단순한 제안을 하였다.

● 투명 쓰레기통

"버스 기사가 볼 수 있는 위치에 노란색 선을 그어주면 됩니다." 디지털 방식으로 수백억 원을 들여 계획되었던 시스템이 한 버스 기사의 아이디어로 보다 효율적인 방식이 채택되고 예산이 절감된 것이다.

공원 운영 관리의 혁신은 결국 담당자가 얼마나 공원에 대한 애정을 가지고, 그것을 지속하려고 하는 의지를 갖고 있느냐, 그리고 창조적인 아이디어가 있느냐에 달려있다. 그러나 안타깝게도 우리 도시의 공원관리소장은 대부분 1~2년 만에 교체되고 새로운 소장이 올 때마다 그 사람의 관심에 따라 관리 방식이 바뀐다. 공원 운영에 거버넌스와 시민참여 시스템을 정착시켜야 하는 중요한 이유이기도 하다. 뉴욕시민들이 센트럴파크를 사랑하는 이유 중 하나는 "수십 년 동안 한결같이 같은 장소에서 공원을 가꾸는 오래된 친구 같은 구역 정원사Zone Gardener"가 있기 때문이라고 한다.

또 한 가지 초기 서울숲 운영의 혁신 사례는 도시공원 최초로 도입된 '젊은 엄마들을 위한 수유방'이었다. 당시 시중에 파는 분유가 영아 건강에 좋지 않다는 보도가 나간 후 엄마들의 모유 수유에 대한 욕구가 늘어났다. 특히 도심 속 오아시스를 꿈꾸며 찾아오는 엄마들에게 '서울숲에서 모유 수유를 할 수 없다'는 것은 큰 실망이었다. 이러한 새로운 수요에 맞추어 그 동안 공원 안내와 미아 방지 정도의 역할만 갖던 방문자센터 내에 작은 수유방을 만들기로 하였고, 아토피에 관심이 많던 풀무원에서 수유방 조성을 후원하였다. 수유방은 모든 자재를 친환경 재료로 사용하고 디자인도 모유 수유에 적합한 공간으로 조성되었다. 지속적인 모니터링을 통해 보다 편안한 수유를 할 수 있는 공간으로 개선하는 일도 계속되었다. 요즘은 웬만한 공원이나 공공시설에 수유방이 모두 설치될 정도로 서울숲의 수유방은 공공시설 운영의 벤치마킹 대상이 되었다. 7년이 넘은 서울숲의 수유방은 벌써 올드 버전이 되었고, 최근 개선 공사가 완료되었다.

공원 운영을 위한
소액 모금

서울숲 운영 관리는 초기부터 민관 파트너십을 통해 진행되었다. 서울시는 시설 및 녹지 관리 그리고 청결과 안전 등 기초 서비스를 담당하고, 서울그린트러스트가 서울숲사랑모임을 조직하여 공원 운영 프로그램과 자원봉사, 홍보 커뮤니케이션 역할을 담당하였다. 서울시에서 20여명의 직원을 파견하고, 100여명의 일용직을 고용하여 공원 관리를 하였으며, 서울그린트러스트는 자체 모금과 서울시의 매칭펀드로 공원 운영에 함께 참여하였다. 서울시의 지원금은 비영리단체지원에 관한 법률에 의해 인건비를 사용할 수 없으며 사업비 집행만 가능하였기에, 적게는 5명에서 최대 9명에 달하는 인건비를 스스로 모금해야만 했다.

초기에는 유한킴벌리가 주후원사가 되어 운영이 가능하였으나, 장기적으로 한 기업에만 의존할 수 없었기에, 다양한 모금 방법을 구상하고 실천하였다. 그러나 공원이 공공공간이라는 점 때문에 모금이 자유롭지 않았으며, 휴식을 위해 방문하는 시민들의 지갑을 여는 것은 매우 어려운 일이었다. 반면 모금은 시민들의 입장에서 하나의 참여이기도 하다. 거대한 도시공원을 운영·관리하는 데 내가 직접 자원봉사나 기부로 운영 관리에 참여하는 주인이 되는 것이다. 초기에 시도하였던 가장 의미 있던 모금은 '서울숲 지도 기부금'이다. 30만평에 달하는 공원을 즐기는 데에는 몇 개의 커다란 안내지도 간판으로는 불가능하다. 잘 디자인된 공원 지도에 다양한 정보와 함께 공원의 주인이 되어달라는 메시지가 담긴 공원 지도가 기부금함과 함께 여러 군데 놓였다. 하루에도 수백수천 개의 100원짜리 동전이 모이고 가끔씩 1만원짜리 지폐가 기부금함에 들어있는 것을 보면서, 우리 시민들의 잠재된 참여 의식과 기부 문화를 확인할 수 있었다. 물론 이런 소액 기부는 지도 제작비를 회수하는 수준에 그쳤지만; '내가 공원의

서울숲 지도와 방문자
센터 모금함

주인이고, 그 운영에 참여해야 한다'는 주인의식을 확산하고, 지도에 작은 광고를 통해 기업 후원을 유치할 수 있었다. 그러나 '서울숲 지도 기부금'은 행정의 반대로 오래 가지 못하였다. 행정에서 무료 서비스를 제공하는 공원에서 지도 제공과 같은 기초 서비스를 통해 기부금을 받는다는 게 행정의 문화에서는 수용하기 힘들었던 것이다. 그 이후부터 행정에서 직접 비용을 들여 지도를 제작하여 무료로 배부하고 있다. 외국의 공원에 가면 아주 당연하고 보편적인 기부 문화를 우리는 한 해도 지속할 수 없었다. 행정의 이런 태도는 결국 시민들의 참여 수준과 문화를 하향평준화 시키는 결과를 낳게 된다.

또 다른 시도는 서울숲 기념품이었다. 우리나라 공원에 유행하고 있는 바닥분수는 경관용임에도 불구하고 사실상 물놀이 시설이 되고 있다. 서울숲에서 매우 특별한 공간이 된 바닥분수에서 여름철 아이들이 뛰어놀면 옷이 젖기 마련이고 수건이 필요하였다. 서울숲의 이미지를 근사하게 담은 티셔츠와 수건을 기념품으로 판매하였다. 여름 석 달 동안 정말 많은 상근·자원활동가 인력이 투입되고 카드결제기까지 준비하여 판매하였지만, 수익은 고사하고 투자비만 겨우 회수하였다. 그 후로 기념품을 통한 수익사업은 소규모 행사기념품이 아니면 다시는 시도하지 않게 되었다. 아마도 서울숲이 센트럴파크와 같은 관광명소가 되지 않는 이상 기념품을 통한 수익사업은 기대하기 힘들 것 같다. 기념품 수익사업은 공원에서 공익 모금 방법의 다양성 정도의 학습 성과로만 남게 되었다. 여기서 우리는 근린공원Neighborhood Park은 목적형 공원Destination Park과는 다르다는 점을 절실히 깨닫게 되었다.

세 번째 시도는 회원을 모집하는 것이었다. 회원 모집은 지금도 계속되고 있지만, 공원을 운영하는 시민모임에 회원이 되는 것은 쉬워 보이면서도 매우 어려운 일이기도 하다. 일반적으로 공원은 당연히 행정이 시민들에게 제공하는 서비스로 인식되고 있기 때문이다. 불우한 이웃을 돕는다든지 정의를 위해 싸운다든지 사회적으로 뚜렷한 명분이 있는 시민운동과 달리, 참여 그 자체가 명분이 되기는 어려웠다. 반면 회원들에게 회원으로 참여함으로써 이에 상응하는 혜택을 줄 수 있는 방법도 쉽지 않다. 공원은 시민들이 마음대로 운영할 수 있는 공간이 아니기 때문이다. 현재까지 비교적 활발한 것은 '숲속 작은 도서관'에서 책을 대여할 수 있는 회원, 그리고 몇몇 뜻있는 분들의 회원 참여 정도가 전부이다. 그마저도 서울숲 인근의 성동구에서 공공도서관을 설립하여 회원 참여는 더욱 어려워 보인다. 마지막으로 서울숲에서 가장 효율적이고 의미 있는 접근 방법이 자원봉사였다. 기업의 사회봉사 수요와 대학의 사회봉사 학점제, 청소년의 자원봉사 제도 등을 잘 활용하는 것이 공원에서 시민참여와 모금의 가장 효과적인 방법이라는 것을 깨닫는 데에는 3년 정도의 시간이 걸렸다.

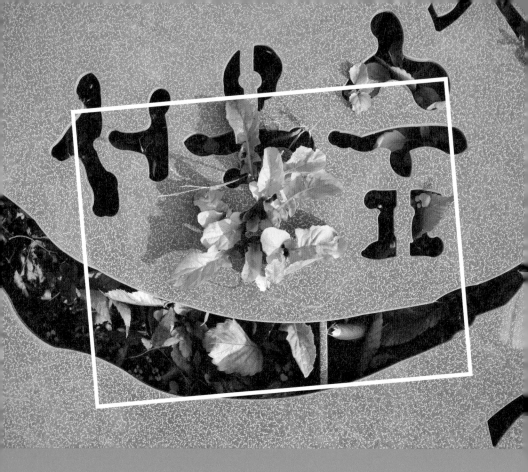

"'Park is not just a park!' 도시공원 운동을 하면서 접했던 가장 인상적인 글귀이다. 우리 현실에 빗대어 말하면 '공원은 단지 휴식을 위한 녹지공간이 아니다' 라고 표현할 수 있을 것이다. 현대 사회에서 도시공원이 갖고 있는 다양한 기능에 대해 아주 명쾌하게 설명한 말이 아닌가 싶다. 한편, 영국의 'CABE Space' 는 도시공원의 가치를 잘 설명해주고 있는데, '지역사회에 미치는 경제적 가치, 육체와 정신 건강에 미치는 영향, 어린이와 청소년에게 미치는 영향, 범죄 예방에 미치는 효과, 사회적 다양성에 대한 기여, 공간과 공간을 연계하는 효과, 생물다양성을 높이고 자연을 보존하는 효과' 등 총 일곱 가지 가치를 강조하고 있다."

서울숲의
향기

서울숲의 꽃, 자원봉사와 프로그램

도시공원 자원봉사의 메카,
서울숲

서울숲에 자원봉사 시스템이 도입된 것은 2003년 공원 조성을 위한 나무 심기 때로 거슬러 올라간다. 기업과 시민이 기부를 하고 나무 심기 자원봉사에도 참여하고, 지역사회와 대학생들은 이들의 나무 심기 활동을 지원하는 행사 운영 자원봉사에 참여했었다. 2004년에는 장기적인 목표를 가지고 지역의 주부와 퇴직자를 중심으로 첫 번째 서울숲지킴이를 모집하였다. 포크레인과 대형수목을 실은 차량이 쉴 새 없이 오가는 정신없는 공사장에서 자원활동가 교육을 진행하였다. 당시교육에 참여한 18명의 수료생 중에서 10명 정도가 아직도 서울숲에서 부정기적으로 자원봉사를 하고 있고, 이민옥 씨는 현재 상근활동가로 일하고 있다. 이후 서울 숲지킴이는 매년 교육과정을 진행해서 2005~2008년 동안 총 200명 정도의 수료생을 배출하였다. 2007년에는 자원봉사 활동의 범위가 생태 해설 및 체험 프로그램을 넘어서서, 서울숲가꿈이, 사진 영상, 문화 안내자 등 7개 분야에 150명이 활동할 정도로 성장하였다. 2007년 한 해에만 기업, 대학생, 청소년 사회봉사자가 연인원 4,000명에 달하였으며 자원활동가와 사회봉사자 총 활동시간이 50,000시간에이르렀다. 9명의 상근 직원과 맞먹는 일을 해낸 것이다.

기업의 사회봉사 활동도 초기에는 단순한 나무 심기와 공원 청소로 시작하였으나, 계절별·월별 공원 가꾸기 프로그램이 도입되었다. 여기에는 뉴욕 센트럴파크의 기업 자원봉사와 영국 정원의 자원봉사 활동이 벤치마킹 대상이었다.

기업의 사회봉사는 격주, 매월, 계절별 지속적으로 참여하는 '정기적인 사회봉사' 방식이 있고, 또는 신입사원 사회봉사나 창립기념일 사회봉사와 같은 '이벤트적인 사회봉사'로 구분할 수 있다. 정기적인 사회봉사는 나름 자신의 미션을 갖기도 하는데, SK에너지는 본사의 모든 임직원이 연간 일정 시간 이상 사회봉사 활동을 하도록 제도화하여, 2005년 서울숲 개원 이후 지금까지 연간 20회 정도 지속적인 사회봉사 활동을 하고 있다. 지속적으로 사회봉사에 참여하는 기업은 기업 회원으로 가입하고, 서울숲 운영에 재정적인 지원도 함께 하고 있다. 이벤트적인 사회봉사 역시 자율적으로 기금에 참여하거나 공원의 노후된 공간을 개선하거나, 방치된 공간에 식물을 식재하는 기금을 제공하기도 한다.

기업의 사회봉사 활동도 재미있어야 한다. 공원을 청소하거나 잡초를 제거하는 등 기본적인 공원 관리 일도 있지만, 작은 정원을 함께 만들거나 벤치에 오일스텐을 칠하는 작업 등 기업 자원봉사자들이 지속적인 흥미를 가질 수 있는 일감 개발이 필요하다. 또 봄철에는 누구나 한 그루 나무 심기를 희망하고 있어, 공원 경관을 개선하거나 훼손된 지역의 나무 심기와 봄꽃 심기 프로그램도 매우 중요하다. 서울숲에서는 2010~2012년 연속하여 진달래 동산 만들기 사업을 진행하였다. 봄

서울숲에서 진행된 여러 기업
들의 다양한 사회봉사 활동

이 되면 서울숲 건너편 응봉산에 개나리가 장관이어서 마주보는 장소에 진달래, 철쭉 동산을 조성하게 되면, 더욱 멋진 경관을 선물할 것이라 기대하였다. 당초 이 아이디어는 전 서울숲 관리소장이었던 이원영 소장(2009~2010년 근무)이 제안하였다. 이 제안을 구체화시켜 매년 몇 천 그루의 진달래와 철쭉을 심고 여름과 가을에 공원 가꾸기 사회봉사 프로그램을 진행하였다.

이 과정에서 사회봉사에 참여하는 기업 중 두 개 회사가 서로 연계하여 미혼 여성, 남성들의 데이트 프로그램을 진행한 사례도 있었다. 우리가 중간에 도움을 주지 않았음에도 불구하고 스스로 기획한 프로그램이다. 도시공원에서 기업 사회봉사 활동이 진화 발전할 수 있는 잠재력을 확인할 수 있었다. 기업 사회봉사와 캠페인을 연계한 경우도 있는데, 스타벅스 코리아의 경우 서울숲에서 350캠페인과 기금 후원, 공원 가꾸기 사회봉사 활동을 진행하였다. 스타벅스 코리아는 3년째 전국 매장의 책임자들이 서울숲에 모여 환경 캠페인을 진행하고, 서울숲을 가꾸는 활동을 하고 있다.

3년째 서울숲에서 열린 스타벅스 코리아의 350 캠페인 기념사진

대학생 자원봉사자들의
활동 모습

2007년 한양대 자원봉사센터는 서울숲을 제2의 캠퍼스로 선언하였다. 자원봉사 활동이 학점제로 인정되면서 한 학기에 100명 정도의 대학생 사회봉사자가 참여하였다. 학생 자원봉사 활동 영역으로는 숲속 작은 도서관 도우미, 이용 행태 모니터링, 프로그램 운영 등이다. 최근에는 건국대, 동국대 등 여러 대학교로 자원봉사 프로그램이 확산되었다. 대학생 사회봉사가 2~3년 지나자 학점제를 통한 자원봉사뿐만 아니라 서울숲 자원봉사 활동에 특별한 의미를 두고 자발적으로 참여하는 대학생들도 늘어나고 있다. 대학생들의 재능과 역량은 무한하다. 시니어 활동가들의 인터넷과 컴퓨터 실력을 배양해 주기도 하고, 행사 때면 무거운 짐들을 나르기도 하고, 개인이 가지고 있는 문화예술적 재능을 보여주기도 한다. 서울그린트러스트, 서울숲사랑모임 그리고 서울숲의 자원봉사 활동이 나름 명성을 가지면서, 최근에는 인턴 과정을 신청하는 학생들도 늘어나고 있다. 짧게는 방학 한 달 동안 참여하는 경우도 있고, 아예 노동부 인턴으로 참여해서 지금은 정규 직원이 된 사례들도 있다.

중고등학생들의 자원봉사도 한 학교나 한 반이 참여하는 사회봉사 활동이 있고, 동아리나 개별 중고등학생을 모집하여 운영하는 자원봉사 프로그램도 있다. 학교 단위로 수백 명이 참여하는 자원봉사는 무늬만 자원봉사이지 사실 공원 관리에 도움이 안 되고 학생들도 형식적인 활동에 그친다. 그래서 서울숲에서 학교 단위의 자원봉사는 받고 있지 않지만, 가끔씩 관리사무소를 통하여 무리하게 찾아오는 경우도 있어 어려움을 겪기도 한다.

방문객과 지역 주민과 기업이 함께하는
공원 가꾸기 자원봉사

서울숲 개원 초기의 혼란을 극복하기 위해서는 지역사회의 도움이 필수적이었다. 그래서 적극적으로 지역 주민들의 자원봉사 참여 프로그램을 도입하게 되었고, 지금은 '잇츠 마이 파크 데이It's My Park Day'로 바꿔서 진행하고 있다. 매주 토요일 오전이면 지역 주민을 위한 '가족 자원봉사' 프로그램이 진행되었다. 공원을 청소하고 잡초를 제거하는 일에 활동이 주로 집중되었다. 공원 조성 초기에 아직 나무들이 자리 잡지 못하고, 나무를 이식하면서 함께 따라온 잡초들이 무성해져서 공원 관리 인력으로는 한계가 많았다. 잡초 관리에는 지역 주민들뿐만 아니라 기업 사회봉사도 집중되었다. 그러나 한여름 뙤약볕에 밀짚모자를 쓰면서 활동하는 일은 정말 힘들고 고된 일이다. 10분 만 일을 해도 온몸에 땀이 흠뻑 젖곤 하였다. 쾌적한 조건의 사무실과 집안에서만 일하던 시민들에게 이런 노동은 정말 힘든 것이었다. 물론 대부분의 잡초 관리는 관리사무소의 역할이었지만, 그래도 이런 시민들의 노력과 참여가 지금의 안정된 공원 관리를 가능하게 해주었다고 믿는다.

　서울숲 개원 이후 7년 동안의 공원 가꾸기 자원봉사 활동을 추억해보면, 초기 자원봉사 활동과 지금의 자원봉사 활동은 큰 차이를 보여준다. 공원의 숲과 나무들이 성숙되는 정도에 따라 '자원봉사 활동의 수요'가 달라지는 것이다. 초기에는 주로 잡초 관리에 온 힘을 기울였던 반면, 최근에는 계절별로 다양한 활동이 가능해졌다. 봄에는 꽃과 나무 심기, 여름에는 잡초 관리, 가을에는 낙엽 모아 퇴비 만들기, 겨울에는 눈 치우기와 빙판길 관리하기 등으로 프로그램이 운영된다. 여기에 이용자가 적은 시점에

자원봉사 프로그램으로 만든
화장실 앞 아트타일벽

벤치에 오일스텐 칠하기 등의 참여 프로그램들이 가능하다. 단순히 공원이 성장했기 때문이 아니라 행정과의 파트너십이 원활해지고 소통이 늘어남에 따라, 또 공원 가꾸기 자원활동가의 역량이 성장하면서 가능해진 일이다. 기업, 단체, 학교뿐만 아니라 방문객들에게도 자원봉사의 기회가 제공된다. 일례로, 일상적인 공원 가꾸기 활동은 어렵지만, 이벤트를 통해서 화장실 벽화 만들기에 참여하여, 자신의 추억을 담은 물건을 가져오거나 그림을 그려 아트타일을 함께 만들어서 벽화를 완성하기도 하였다.

도시공원 자원활동가 양성 프로그램

서울숲이 자원봉사의 메카가 되기까지는 상근활동가의 노력도 중요하고, 핵심 자원활동가라고 부르는 정열적인 자원활동가의 역할도 중요하였으며, 기업·청년·청소년의 사회봉사자들도 중요하였다. 2008년도에 이러한 서울숲 자원봉사 시스템을 분석해보니, 9명의 상근활동가와 150명의 핵심 자원활동가, 그리고 약 3,000명의 사회봉사자가 활동하였다. 이런 시스템이 가능했던 것은, 1명의 상근활동가가 10명 내외의 자원활동가를 관리하고, 1명의 자원활동가가 20명의 사회봉사자를 이끌었기 때문이라고 할 수 있다.

모든 조직이 중간 허리가 중요하듯이, 이 중에 150명의 핵심 자원활동가는 서울숲의 꽃이었다. 이들 자원활동가는 대학생과 주부, 퇴직자 등 다양한 배경을 가지고 있다. 이들이 서울숲에서 어떻게 육성되고 활동하였는지 이해하는 것이, 도시공원에서 시민참여가 어떻게 자리 잡을 수 있는지 엿볼 수 있는 중요 키워드가 될 것이다. 서울숲의 자원활동가 운영에는 몇 가지 특징이 있다.

첫째, 모집 분야의 다양성이다. 크게 7가지 분야로 분류되는데, 공급자의 눈으로 보지 않고, 시민들의 잠재된 역량과 기호가 무엇인지를 세심히 살펴보면 더욱 확장될 수 있다.

둘째, 지속적인 커뮤니티 유지를 위한 모임 활성화와 일상적인 교육과정이다.

셋째, 자율적인 기획과 실천할 수 있는 기회 부여를 꼽을 수 있다. 일정한 교육과정을 이수하고 1년 정도의 보조강사 역할을 하면 누구나 직접 프로그램을 운영할 수 있는 기회를 가졌다. 소위 머리올리기라고 표현하는데, 오랜 교육과정을 끝내고 직접 프로그램을 운영하는 강사가 되어 첫 번째 프로그램을 진행하고 나면 작은 파티가 열렸다. 서울숲에서는 연간 800~900회의 프로그램이 운영되는데, 모두 이런 자원활동가들이 스스로 기획하고 강의교재를 만들어 자율적으로 진행하던 프로그램이었다. 프로그램의 내용은 이 장의 뒤쪽에서 보다 상세히 소개하고자 한다.

넷째, PBL 방식과 같은 혁신적인 양성 기법의 도입이다. 2008년도에 자원활동가 강사로 모셨던 신구대 전정일 교수의 제안으로 Project Based Learning 프로그램을 자원활동가 교육에 도입하였다. 이 프로그램은 교보생명교육문화재단의 지원으로 진행되었으며, 교육생들이 팀별로 프로젝트를 맡아서 직접 수행하고 평가하면서 자원활동가의 역량을 배가시키는 역할을 하였다.

다섯째, 자원활동가의 삶과 생활을 존중하는 것이다. 서울숲에는 '한줌(허진숙님) 샘' 이라는 탁월한 자원활동가 도우미가 있었다. 또한 2005년부터 2009년까지 사무국장을 역임한 이근향(현 예건디자인연구소 소장) 국장의 역할이 매우 중요하였다. 이 두 사람은 자원활동가가 서울숲에 오면 무엇을 시키기보다 주로 이들의 얘기를 듣는데 집중하였다. 스스로 일감을 찾고 노력할 수 있도록 분위기를 만들어 주었다. 아줌마와 어른들의 자질구레한 수다처럼 보이기도 하지만 일상의 삶을 사랑하고 서로의 애환을 주고받는 과정이 서울숲 자원활동가의 강한 커뮤니티를 형성하는 데 기여하였다.

마지막으로, 서울숲에는 홍성각 교수와 같은 정신적 지도자가 있었다. 학술원 회원이기도 한 홍성각 교수는 건국대학교 산림자원학과 교수를 퇴직하고, 서울숲에 찾아와서 당신이 갖고 있는 숲에 대한 지식을 서울숲에서 나누고 싶다고 하셨다. 한여름을 제외하고는 매월 1~2회씩 진행되는 노교수의 강의는 많은 자원활동가들에게 숲에 대한 지혜를 주었고, 그의 숲에 대한 열정은 모두를 감동시키기에 충분하였다.

지금은 서울숲 자원활동가 숫자가 많이 줄어들었고, 활력도 예전만 못하다. 위에서 열거한 특징 중 몇 가지가 빠져 있기 때문이 아닌가 싶다.

● 초등학생을 대상으로 무박 3일로
열린 서울숲 여름캠프

자원활동가들이 만든
서울숲의 창의적인 프로그램

서울숲에서 자원활동가에 의해 만들어진 프로그램은 유치원생부터 노인들을 대상으로 한 것까지 수백 개에 달한다. 서울숲의 생태 자원과 각 활동가의 특성과 관심사에 따라 같은 주제라도 색깔이 전혀 다른 프로그램이 만들어지기도 하였다.

서울숲의 다양한 프로그램을 모아서 매년 여름방학에는 서울숲 무박 3일 캠프가 진행되고 있다. 자원활동가의 끼와 열정을 하나로 모아 초등학생 아이들을 대상으로 진행하는 프로그램으로, 조경수 전문기업인 수프로에서 매년 후원하고 있다. 이 프로그램은 모든 분야의 자원활동가가 참여하고, 대학생 봉사자들도 큰 역할을 하고 있다.

서울숲의
소셜 프로그램

"Park is not just a park!" 도시공원 운동을 하면서 접했던 가장 인상적인 글귀이다. 우리 현실에 빗대어 말하면 '공원은 단지 휴식을 위한 녹지공간이 아니다' 라고 표현할 수 있을 것이다. 현대 사회에서 도시공원이 가지고 있는 다양한 경제, 사회, 문화적 기능에 대해 아주 명쾌하게 설명한 말이 아닌가 싶다.

영국의 오픈스페이스 연구단체로 유명한 'CABE Space' 는 도시공원의 가치를 잘 설명해주고 있는데, "지역사회와 자산에 미치는 경제적 가치, 육체와 정신건강에 미치는 영향, 어린이와 청소년에게 미치는 영향, 범죄 예방에 미치는 효과, 사회적 다양성에 대한 기여, 공간과 공간을 연계하는 효과, 생물다양성을 높이고 자연을 보존하는 효과" 등 총 일곱 가지 가치를 바탕으로 공공의 열린 공간Public Open Space의 중요성을 강조하고 있다(『The Value of Public Space』, 2003, CABE space 참조).

우리 역시 이런 생각을 가지고 있었기에 초기부터 도시공원의 사회문화적 가치와 역할에 대해 고민하며 다양한 시도를 해왔다. 초기에는 주로 공원 내 다양한 이용자에 대한 복지 향상에 초점을 맞추었고, 이후 유치원 아이들을 위한 프로그램을 적극적으로 기획하거나 건강과 관련된 이슈들을 다루기도 하였으며, 최근에는 청소년과 시니어 문제를 공원에서 집중적으로 풀어나가기도 하였다. 회원 가족들을 모아 진행한 추억의 운동회 역시 이러한 소셜 프로그램의 한 장르라 할 수 있다.

특히 2009년부터 진행해온 청소년 프로그램은 매우 의미가 깊다. 요즘처럼 청소년들이 일찌감치 입시 경쟁에 내몰리고, 스트레스로 정말 많은 아이들이 삶을 포기하는 현실에서 공원은 청소년에게 에너지를 발산하고 야외활동을 즐길 수 있는 도시의 유일한 장소이다. 미국의 최근 조사에 따르면 미국의 아이들이 하루 7시간 온라인 매체에 노출되어 있고, 단 7분 동안만 햇볕에 노출되어 있다고 한다. 스마트폰에 빼앗긴 우리 아이들을 공원에 되찾아와야만, 아이들의 정신과 육체적인 건강을 지킬 수 있다. 그러려면 공원이 아이들에게 재미있어야 한다. 스마트폰에는 없는 색다른 재미와 매력을 주어야 한다. 색다른 시설도 필요하고, 색다른 프로그램도 필요한 것이다.

자원활동가를 위한 만찬

자원활동을 하는 많은 시민들에게 그 동기를 물으면 가장 빠른 대답 중 하나는 '자긍심'이다. 특히, 수십 년 동안 가족을 위해 봉사해야 했던 한국의 주부들은, 아이들이 성장한 후 도시공원에서 제2의 삶을 꿈꾸고 있다. '선생님'이라고 불리는 것, 태어나서 처음 들어보는 이도 많다. 그만큼 자원활동은 말 그대로 자원해서 하는 활동이기에 자신의 삶의 가치를 인정하고 또 다른 사회구성원으로부터 인정받는 것에서 출발한다.

그러나 한국 사회에서는 자원봉사 활동도 성과주의에 묻혀 도시공원에서는 더 많은 자원봉사자를 끌어들이기 위해 활동에 대한 대가로 하루 8,000원을 지급하고 있다. 점심과 교통비를 보상하고 있는 것이다. 한편으로는 자원활동에 대한 인센티브로 이해할 수도 있고, 노인들에게 적절한 동기부여가 될 수도 있다.

하지만 서울숲에서는 8,000원에 대한 인센티브보다는 자원봉사를 통한 자긍심과, 창의적인 활동 기회를 통한 자기 계발, 지속적인 교육 훈련에 중심을 두어왔다. 서울시와의 협력적 파트너십 관계는 자원봉사와 현물을 인정하는 시스템을 만들어서, 생태 교육을 하거나 사회봉사를 리드해서 공원 가꾸기 지도를 하는 활동에 대해서는 강사비에 준하는 가치로 환산하였다. 물론 이 가치는 자원활동가에게 직접 지불하는 것이 아니라 우리가 서울시에 매칭펀드해야 하는 비율에 포함하였다. 즉, 자원활동가들이 서울숲에 자원봉사하면서 그만큼의 가치를 서울그린트러스트에 기부하는 것이다. 그러나 이 시스템도 서울숲에서의 공원 운영 파트너 관계가 무너지면서 의미가 사라져버렸다. 비록 서울시에서 인정은 받지 못하지만 우리 스스로 꼭 지켜나가야 할 가치였다는 아쉬움이 진하게 남는다. 서울숲에서의 우리의 처지가 파트너에서 위탁자로 전락하면서, 사업비에 대한 스트레스를 받을 수밖에 없게 되었다. 서울시에서 인정받지 못하는 자원봉사의 가치 환산을 포기하게 되었으며, 나아가 인센티브로 주어졌던 8,000원 제도도 서울그린트러스트의 자원활동가에 한해서 폐지하게 되었다. 우리 스스로 진정한 자원봉사로 발전하자고 하였으나, 자신의 활동이 서울시로부터 인정받지 못하고(반대로 서울시에서 하는 프로그램은 6만원 정도의 강사 수당이 제공되었다) 최소한의 인센티브도 없는 서울숲의 자원활동은 더 이상 매력적일 수 없었다. 2008년을 정점으로 서울숲의 자원활동은 하향길로 접어들게 된다. 그 이후로 몇 차례 시도가 있었지만, 상대적으로 산림청과 서울시 자치구에서 운영하는 공공의 숲 해설 시장이 확대되면서 서울숲의 자원활동가를 붙잡을 수 없는 처지에 놓이게 되었다.

이런 현상은 사회복지 분야의 자원활동과 비교해볼 때 매우 이해할 수 없는 것이다. 유난히도 공원에서 자원활동이 프로그램 강사와 구분이 되지 않고, 시간이 갈수록 자원활동이 일자리로 변하는 현상을 어떻게 설명해야할지 모르겠다. 어떤 전문가는 도시공원에서의 자원활동은 "1단계 평생교육 과정으로서 자원활동가 교육, 2단계 숙련된 강사나 활동가로 성장하기 위한 자원활동가 기간, 3단계 강사나 프로그램 진행자로서의 일자리"로 발전 단계를 가지고 계획적으로 접근해야 한다고 주장한다. 일면 타당해 보이지만, 여기에서 의미하는 것은 자원봉사자가 아닌 경과적 일자리로 표현할 수도 있다.

서울숲에서 자원활동가와 사회봉사자를 위한 시상식이 매년 송년회와 함께 열렸다. 가끔 거른 해도 있지만, 대부분 자원봉사자를 위한 만찬이 개최되곤 했다. 이 송년회는 한 해 동안 수고한 자원봉사자를 격려하고 최우수 활동가를 시상하기 위한 자리이다. 서울숲이 개원한 매년 6월 18일에는 자원활동가와 함께하는 생일파티를 개최하였는데, 우리로서는 근사한 추억거리이다. 2007년도의

2007년 서울숲 생일파티 후의 기념사진. 이 날은 다 함께 자전거 투어를 하기도 했다.

생일 때에는 서울숲을 위해 땀을 흘리신, 우리가 잊지 말아야 할 서울숲의 인물로 세 사람을 선정하여 금 한 돈의 서울숲 뱃지를 선물하였다. 고 김형진 변호사, 이근향 전 사무국장, 이준기 자원활동가 이렇게 세 사람이었다.

"시대가 요구하는 새로운 공원 모델을 제시해야 한다는 심적 부담과 욕심을 갖고 설계를 진행했다. 설계하면서 우리가 내세운 핵심 전략은 네트워크, 재생, 진화이다. 네트워크란, 공원이 혼잡한 도시와 분리된 녹색의 섬이 아니라 시민들의 일상적 휴양 활동과 문화적 교류가 활발히 일어나는 곳이어야 하므로, 공원의 골격을 주변의 도시 구조와 긴밀히 연계시키는 전략이었다. 이를 위해 부지를 분할하고 고립시키는 도로와 강, 정수장 등의 장애요소를 극복하고 인접한 구역과 시설들을 하나로 묶어주는 설계안을 마련했다. 결과적으로 뚝섬로 복개, 교량 하부 통로 건설, 한강 연결 보행교 설치, 응봉산 연결계단 조성 등이 이뤄졌다."

생명, 참여, 기쁨의 숲

설계가가 돌아본 서울숲의 조성 과정과
내일을 위한 제언

안계동 _ 동심원조경기술사사무소 소장

서울숲은 한마디로 표현하면
어떤 곳인가요

가장 짧게 10초 안에 설명 좀 해주세요. 10년 전, 국제 공모전에 당선된 후 얼떨떨한
상태에서 방송사 기자가 카메라를 들이대며 던진 질문이다. "서울숲은 자연이 살아
숨 쉬는 생명의 숲이자, 시민이 함께 만드는 참여의 숲이며, 누구나 함께 즐기는 기쁨
의……." 세 번 NG 내며 더듬더듬 말했는데, 그나마 중간에 잘려나갔다. '생명의 숲,
참여의 숲, 기쁨의 숲'은 도판에 커다란 글씨로 써놓은 세 가지의 조성방향이었다.

설계를 진행하면서 비로소 '생명의숲'이란 단체가 있는 걸 알았고, 시민참여
를 통해 녹색운동을 펼치는 서울그린트러스트의 존재도 알게 되었다. 서울숲의

탄생과 운영에 깊이 관여하고 있는……. 그러고 보니 안이 좋은 것은 둘째 치고, 키워드가 당선되는 데 큰 몫을 한 셈이다.

서울숲?
공원과 어떻게 다르지?

'양재시민의숲' 처럼 나무를 빽빽이 심어 놓은 곳인가? 남산, 우면산도 울창한 숲인데 그 숲과는 어떻게 다르지? 많은 이들이 묻는 질문이다.

  공원의 한 물리적 구성요소에 지나지 않는 '숲' 으로 공원을 대치하기엔 아무래도 석연찮다. 서울시는 당시 부도심, 관광문화타운 같은 고밀 개발이 예정되

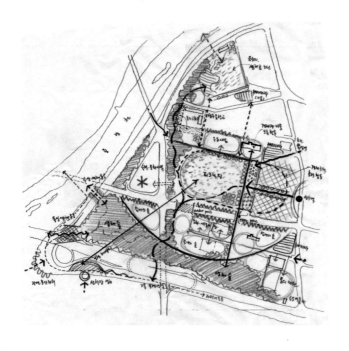

서울숲 구상도

어 있던 뚝섬 일대에, 막대한 개발 이익을 포기하고 '뚝섬숲'을 조성하기로 전격 결정했다.

설계지침에 "뉴욕의 센트럴파크나 런던의 하이드파크처럼 서울을 대표하는 도시숲을 만드는 것이 목적이다"라고 나와 있듯이, 도시 한가운데 빌딩숲 대신 울창한 자연숲을 조성함으로써 공원 그 이상의 상징적 가치(녹색운동, 시민참여)를 추구했던 것으로 보인다. 서울숲은 분명 도시공원이다. 굳이 이름에 '숲'을 붙인 이유는 '주어지는 시설'로서의 공원에서 '시민이 참여해서 심고 가꾸는 대상'으로서 인식 전환을 표방한 것이다. 또한 그 당시의 시설 위주, 활동 위주의 공원들과 차별되는 자연과 친환경이 강조된 새로운 공원을 지향하고자 했기 때문이다.

서울숲의 '숲'은 나무가 많은 자연 그 자체가 아니라, 그 속에서 사람들의 다양한 활동과 문화가 커나가는 공간이다. 서울숲은 시민이 참여해 심고 가꾸는 도시공원의 새로운 모델인 것이다.

설계 과정 -
설렘, 부담, 아쉬움

시대가 요구하는 새로운 공원 모델을 제시해야 한다는 심적 부담과 욕심을 갖고 설계를 진행했다. 설계하면서 우리가 내세운 핵심 전략은 네트워크, 재생, 진화이다.

네트워크란, 공원이 혼잡한 도시와 분리된 녹색의 섬이 아니라 시민들의 일상적 휴양 활동과 문화적 교류가 활발히 일어나는 곳이어야 하므로, 공원의 골격을 주변의 도시 구조와 긴밀히 연계시키는 전략이었다. 이를 위해 부지를 분할하고 고립시키는 도로와 강, 정수장 등의 장애요소를 극복하고 인접한 구역과 시설들을 하나로 묶어주는 설계안을 마련했다. 결과적으로, 뚝섬로 복개, 교량 하부 연결 통로 건설, 정수장 개방, 한강 연결 보행교 설치, 학교부지 교환, 응봉산 연결계단 조성 등이 이뤄졌다.

재생이란, 이 부지에 누적된 시간의 켜를 지우지 않고 최대한 남겨 활용함으로써 기억이 이야깃거리가 되고 이곳만의 개성이 살아있는 공간으로 만들고자 하는 전략이다. 경마장 트랙, 물탱크 시계탑, 체육공원, 정수장 구역의 나비온실, 갤러리정원 등에 이러한 전략이 시도되었다.

진화란, 공원은 어느 한 시점에 만들어진 완성품이거나 당초 의도대로만 국한된 고정된 틀이 아니라, 지속적으로 변하는 주변 환경(재개발, 시설 이전 등)과 시민들의 달라지는 요구에 따라 고쳐 쓰고 가꾸어감에 따라 점차 완성되는 것이므로, 그러한 변화를 수용하는 유연한 구조와 공간을 만들고자 하는 전략이다. 이의 실현을 위해 과도한 구조물이나 튀는 시설을 지양하고 소프트한 숲, 잔디밭, 흙포장, 목재시설을 주로 사용했다.

서울숲은 숲의 성격에 따라 세 가지의 숲으로 구성된다. 접근성이 뛰어난 경마장이 있던 중앙 구역은 주변의 도시 구조와 긴밀히 연계시켜 시민의 다양한 여가, 문화 활동을 수용하는 경관숲 구역으로 조성했다. 이곳에는 아름드리로 자랄 수 있는 대형목 위주의 수목을 집단적, 정형적으로 식재하였다. 도시고속화도로를 사이에 두고 한강과 중랑천에 면한 부지의 외곽 구역은 공원의 생태적 기반을 튼튼히 지원하는 생태숲 구역으로 조성했다. 이곳에는 우리나라 중부지방의 표본적 향토 수목을 복층 식생 구조로 식재하였다. 부지를 가로지르는 십자형 도로와 정수장, 레미콘공장 주변으로는 소음을 차단하고 이질적 기능을 완화하는 완충숲 구역을 두었다. 이곳에는 둔덕과 함께 지엽이 치밀한 수목들을 높은 밀도로 식재하였다.

●
한강 연결 보행교

●●
초본류, 덤불류, 식이
성 관목, 교목 등 다층
의 혼효림으로 조성
된 생태숲

시공 과정 -
구경꾼, 설계자의 가벼움

사업 시행은 정치적 여건 상 속도가 요구되었다. 복잡한 땅 위에 얽힌 여러 사안들을 조율하면서 만족스러운 안을 이끌어 내기엔 주어진 10개월 남짓의 설계 기간으론 충분치 못했다. 그래서 시공 과정에서 설계의 미흡한 부분을 보완할수 있기를 바랬다. 예컨대, 숲의 구조와 육성에 적합한 소재 수배, 더욱 심도 있는 생태적 친환경 수법 적용, 더 나은 자재 선정 및 디테일 마감 등을 기대했는데, 최저가 낙찰, 1년 반도 채 안 되는 짧은 공기가 발목을 잡았다. 그나마 설계자가 제도적으로 시공 과정에 관여할 수 있었다면 더욱 완성도 높은 서울숲이되지 않았을까 하는 아쉬움이 있다.

공원 내에 설치된 준공기념비에 감독자, 시공자, 감리자의 이름은 새겨져 있는데 반해 설계자 이름은 빠져 있는 것이 당시 현장 실상과 문화 수준을 그대로 보여주고 있다. 토양은 숲의 가장 중요한 기반이다. 부지 전체가 미사질의 배수불량 지역이었으므로 양질토의 객토와 충분한 양의 토양 개량제를 혼합하도록 설계하였다. 그러나 인근 개발 현장에서 반입된 흙은 동일한 미사질 토양이었고 토양 개량제는 과다 설계로 오인되어 대폭 삭감되었다. 결국 수목은 잘 자라지 못하고 다량의 하자가 발생했다.

생태숲은 다양한 야생동물들의 서식처가 되도록 초본류, 덤불류, 식이성 관목, 교목 등 다층의 혼효림으로 조성하였다. 그 한가운데 커다란 습지형 연못도 만들었다. 사람의 간섭을 줄이기 위해 산책로도 최소화하고, 보행전망다리에서만 내려다보게 했다. 그러나 그곳에 난데없이 수십 마리의 꽃사슴이 방사되었다. 시민들이 무척 좋아한 나머지, 한때 100마리 이상으로 불어난 사슴들은 얼마 지나지 않아서 생태숲을 초토화시키기에 이르렀다. 최근 들어 사슴을 대폭 줄이고 그나마도 우리에 가두어 두어, 생태숲이 되살아나고 있는 점이 천만다행이 아닐 수 없다.

승마장 부지는 예술조각품이 있는 아틀리에 정원으로 설계했었다. 여러 개의 동선이 만나는 요지에 아름다운 화원과 문화적 정취가 넘치는 격조 있는 휴식 공간을 조성코자 했다. 그러나 이전한다던 승마장은 아직까지도 토지이용 상 장애요소로 남아있다.

뚝섬정수장도 원래는 10년 안에 그 기능을 강북정수장으로 이전하고 서울숲 에 편입되는 것으로 계획되어 있었다. 때문에 그곳을 지역 내 문화예술 관련 거 점시설로 활용할 예정이었다. 그러나 정수장은 그 후 오히려 시설 투자가 더 적 극적으로 이루어졌고 철조망으로 격리된 채 서울숲과 아무런 연관을 맺고 있지 못하다. 현재 서울숲에 문화예술 공간이 상대적으로 부족한 것은 그 때문이다.

공원 운영 -
시민참여의 새로운 모델

개장하자마자 엄청난 인파가 밀려왔다. 며칠간 연이어 하루 30만 명 정도가 내 방했다. 그야말로 발 디딜 틈이 없었고, 화장실마다 기다리는 줄이 100명 이상 늘어섰다. 높은 밀도는 사람들을 흥분시키고 공중도덕을 해이하게 만든다. 공 원 내 관목과 초화류는 짓이겨지고 며칠 사이 맨땅이 드러났다. 거울연못에선 물 미끄럼 장난을 치던 어린이가 발이 찢어져 피를 흘리며 응급실로 실려 갔 다. 자전거도로엔 자장면 배달 오토바이가 내달렸다. 주변 도로는 불법주차 차 량이 이중으로 늘어섰다. 이 난리통을 수습하고 안정시키는 데 녹색 자켓과 녹 색 모자를 쓴 자원봉사자들이 큰 몫을 했다. 알고 보니 서울숲사랑모임이다.

그 당시 공원은 관리 대상일 뿐이었는데 서울그린트러스트는 공원 운영이 무 엇인가를 보여주기 시작했다. 다른 공원에 없는 공원안내책자, 각종 안내 리플 렛이 배포되고, 인터넷에 월별 이벤트 프로그램이 공지되었다. 연간 800여개에 달하는 체험 교육, 문화 행사 등이 이루어졌다.

● 서울숲을 찾은 수많은
방문객들

설계가 부족했거나 시공이 어설픈 곳엔 기업이 참여하는 나무 심기, 정원 만들기 등 보완 사업도 시행되었다. 설계공모 시 '참여의 숲'으로 제시한 구상을 훨씬 뛰어넘는, 우리나라 최초의 시민참여 공원 운영의 모델을 제시했다.

시설 관리를 주도하는 서울시 공원관리소의 역할에도 변화가 있었다. 초기에는 그야말로 있는 그대로의 유지 관리에 머물러 있었다. 제초, 방제, 손괴시설 보수 정도가 고작이었다. 관리소장은 정년을 앞둔 분들이 1년 정도 잠시 거쳐 가는 자리였다. 4년인가 지난 후, 젊고 유능한 소장이 부임했다. 서울숲 곳곳에 쌓여있던 문제를 적극적으로 드러내어 해결하고자 했고, 여러 가지 창의적인 보완 사업을 발굴해냈다. 수목 생육 환경 개선사업(대대적인 객토 및 시비), 수목 보식, 녹지 경계재 및 포장재 교체 보완, 수로 변 꽃길 데크 조성, 나비온실 확충, 튤립 식재, 사슴 방사장 축소 및 컨택트존 설치 등등이 이루어졌다. 고맙게도 매번 원 설계자를 불러 자문을 받고, 보완 설계를 의뢰했다. 설계비는 얼마 되지 않았지만, 무료봉사라도 마다할 처지가 아니지 않은가?

2년 만에 서울숲이 확연히 달라졌다. 그런데 아쉽게도 서울시가 열심히 챙기니 시민단체의 역할은 축소되는 듯 보였다. 원래 구도는 서울시와 시민단체의 역할 분담 비율이 시간이 지날수록 시민단체 쪽으로 80%까지 옮겨가는 것이었는데 말이다.

서울숲의 미래

이 글을 쓰려고 요즘 서울숲에 대한 이용자 반응은 어떤지 인터넷 검색을 해 봤다. 최근 한 블로그에 서울숲이 너무 별로였다고 실망한 글이 올라와 있었다. 넓기만 하지 볼거리도 없고, 비포장길도 불편하고, 변변한 그늘도 없고, 안내책자도 없고, 공원 안내원도 보기 힘들고, 다른 공원에 비해 썰렁하니 인기가 없고, 어린이대공원이 훨씬 낫고, 세금이 아깝다는 등등의 불만이었다. 가끔 이런

거울연못 스케치

선큰가든 스케치

불평 많은 사람이 있기 마련이고, 공정한 평가도 아니라고 그냥 넘기기엔 뭔가 걸리는 것이 있다. 서울숲에 무슨 일이 생긴 걸까?

내가 보기에도 요즘 서울숲은 활기가 없다. 재미도 없어 보인다. 볼거리도 눈에 익은 그저 그런 모습이다. 궂은 날이 많아서인지 몰라도, 공원 내 이벤트 행사가 눈에 띄게 줄었다. 자원봉사자와 안내요원 만나기도 예전 같지 않다. 알고 보니, 서울숲사랑모임의 지원 예산이 절반으로 삭감되고, 그에 따라 프로그램도, 조직도 축소가 불가피했다고 한다. 기업이나 개인들로부터의 모금도 열기가 식어가는 분위기다. 서울숲의 가장 큰 특징인 시민참여, 가장 큰 경쟁력인 다양한 운영 프로그램이 줄어들고 있는 것이다. 시설 면에서도 손볼 곳이 많다. 나무그늘 아래는 돗자리 깔고 쉬는 통에 온통 맨땅이다. 흙길과 녹지의 경계가 없어져 정돈이 안되어 보이고, 배수가 불량해서 여기저기 물이 고여 있다. 수로변에는 풀이 우거져 물 흐름이 보이지 않고, 바람의 언덕 억새밭도 예전 같지 않다.

나비온실은 서울숲의 특화시설로 자리 잡았다. 사슴도 나름 서울숲의 트레이드마크이다. 그러나 이러한 특정 시설보다 정작 중요한건, 서울숲이 원래 지향했던 시민참여로 만들고 가꾸어나가는 숲이 되는 것이다. 그 속에 다양한 활동을 담아내는 문화적 공간을 만들어 가는 것이다.

서울숲은 앞으로 커다란 진화의 계기를 맞을 것이다. 승마장이 곧 이전할 예정이고, 레미콘 공장부지도 얼마 안가서 개발이 될 것이다. 전철이 개통되었으니 전면부의 빈 땅도 높은 가림막을 걷어낼 날이 머지않은 듯하다. 정수장도 고도처리 지하화 사업이 진행 중이어서 개방이 확대될 것이다.

이러한 변화의 계기를 잘 활용하고 대응하여 서울숲을 진정 서울을 대표하는 숲으로 성장시켜 나가야 한다. 그러기 위해서는 서울시와 서울그린트러스트의 더욱 긴밀한 협력과 노력이 필요한 시점이다.

"서울숲사랑모임은 지킴이, 가꿈이, 알림이, 도우미 등 자신이 원하는 전문 분야에서 봉사하며 역량을 키워나가는 방식으로 시작하여 지금은 통합형 자원봉사 시스템을 운영하고 있습니다. 초기에는 사람을 키우고 양성하는 교육에 집중했다면 지금은 각자 자신이 가지고 있는 능력을 교환하고 나눌 수 있도록 커뮤니티를 공고히 하는 역할에 중심을 두고 있습니다. 시대의 변화에 따라 가장 필요로 하는 역할 모델로 자연스럽게 변화하고 있는 것입니다. 어린 나무부터 그루터기만 남은 고목까지 잘 어우러져 있는 숲이 건강한 숲이듯, 서울숲사랑모임의 자원봉사자도 각자에게 맞는 역할을 통해 조화를 이룰 수 있게 되면 좋겠습니다."

서울숲에서
띄우는 편지

서울숲과 함께 성장한
서울숲사랑모임 자원봉사자들

허진숙 _ 서울숲사랑모임 1기 자원활동가

서울숲 나이, 이제 열 살. 십 년이면 강산도 변한다는 말과 함께 서울숲이 처음 문을 열었던 날이 떠오릅니다. 도심 속에 휴식처가 생겼다는 기쁨으로 저마다 의 큰 기대감을 갖고 많은 시민들이 서울숲으로 모여 들었습니다. 하지만 막 오 픈한 서울숲은 그 많은 사람들을 품을 만한 그늘이 없었고, 뙤약볕을 피하지 못 한 시민들의 얼굴에는 실망과 짜증이 가득했었습니다. 그 후 십 년, 지금의 서 울숲은 눈길 닿는 곳마다 빼어난 아름다움을 사람들에게 선물하는 시민들의 훌 륭한 안식처이자 풍성한 문화 공간이 되었습니다. 대견하게도 지난 십 년 동안 아주 잘 자라준 것입니다.

서울숲의 아름다운 성장 뒤에는 서울숲과 동갑내기인 서울숲사랑모임이 있 습니다. 서울숲사랑모임은 서울숲이 만들어질 때 서울숲의 보호자로 함께 만들어진 시민단체입니다. 처음 '서울숲지킴이'라는 이름의 자원봉사자 열 명으로 출발하여 자원봉사의 메카로 자리매김한 지 오래이지요.

　저는 시골살이 준비를 시작하던 무렵 우연히 서울숲지킴이 교육 안내를 보고 신청했던 것이 계기가 되어 서울숲사랑모임과 인연을 맺었습니다. 자원봉사자로 시작해서 코디네이터로 몇 년 동안 일을 하고 지금은 다시 자원봉사자로 활동을 하고 있지요. 처음에는 얼마 동안만 봉사하고 시골로 가겠다고 생각했는데 아직까지 서울숲을 떠나지 못하고 서울숲과 함께 나이 들어가고 있습니다. 자원봉사자들이 "서울숲은 늪이다"라고 우스갯말을 하는데 저도 서울숲이라는 늪에 빠지고 만 것입니다. 서울숲의 매력에 빠지는 사람들은 저마다 나름의 이유가 있을 텐데, 제 경우에 그 이유는 '자원봉사자'였습니다. 정확히 말하면 그들이 주는 감동, 바로 그것이었지요. 이 지면을 빌어 그분들이 전해준 감동을 나눠보고자 합니다.

인생에 새로운 활력을
불어 넣어준 서울숲

　　"너무 적어서 부끄러워."
　　"이게 뭔데요?"
　　"내가 처음으로 숲해설을 해서 받은 돈이야."
　　"우와! 선생님, 정말 축하해요. 그런데 이걸 왜 저를 주세요?"
　　"서울숲이 없었다면 내가 어떻게 돈을 받고 숲해설을 할 수가 있었겠어?
　　나를 숲해설가로 만들어 준 서울숲이 너무 고마워서 처음 받은 이 돈은 서
　　울숲을 위해 기부하고 싶어."

어느 날 A선생님께서 하얀 봉투를 제게 주셨습니다. 봉투에는 십만 원이 들어 있었는데요. 선생님의 기부는 금액의 크기와 상관없이, 어린 나무가 자라서 첫

●
자원활동가의 숲해설에는 유치원
생부터 가족 단위 방문객까지 다
양한 연령층의 시민들이 참여했다.

꽃을 피웠을 때의 기쁨과 같은 큰 감동을 주었습니다. 서울숲 개장 무렵은 숲해설이 일반화되는 초창기로 서울숲사랑모임은 생태적 마인드를 제대로 갖춘 자원활동가를 양성하는 데 주력했습니다. 서울숲의 자원활동가는 중년을 넘어선 나이의 가정주부와 퇴직하신 어르신이 많았습니다. 대체로 중년 이후의 삶을 바라보는 우리 사회의 시각은 부정적이고 제한적이어서 '위축, 내리막, 쇠퇴, 의존, 질병' 등의 단어를 떠올리게 합니다.

하지만 서울숲 선생님들은 A선생님뿐 아니라 많은 분들이 봉사 활동을 통해서 개인적인 성장은 물론이고 넘치는 활기로 자신의 삶을 새롭게 가꾸셨습니다. 어떤 보상을 받기 위해 자원봉사를 하신 것이 아니지만, 자신의 시간과 열정을 쏟았던 서울숲의 봉사활동이 궁극적으로는 스스로를 위한 활동이 되어 자신을 성장시키는 동력이 된 것입니다. 훌륭한 숲해설가가 되어서 인정받으며 곳곳에서 열심히 활동하고 있는 선생님은 서울숲사랑모임의 자부심이라 생각합니다.

평생교육의 장으로
자리 잡은 서울숲

"선생님, 오늘 정말 예쁘시네요."

"으응, 이따가 우리 아들이 오기로 했거든."

"함께 어디 가시려고요?"

"아니, 내가 숲해설 하는 거 보러 온다고 했어."

서울숲 자원활동가 중에 가장 연세가 높으셨던 B선생님이 서울숲 탐방 수업을 하시던 날, 곱게 차려입고 약간 상기된 모습으로 나타나셨습니다. 숲해설을 하는 자신의 모습을 아들에게 보여주고 싶은 어머니의 마음과 바쁜 시간을 쪼개어 늙은 노모의 숲해설을 보러 온 아들……. 젊은 날 혼자되어 아드님만 바라보고 훌륭하게 키우셨다는 이야기를 동료 봉사자께 들어서 알고 있던 터라 아드님이 오신다니 살짝 기대가 되었습니다. 잠시 후 여고생을 대상으로 선생님의 수업이 시작되었고 잘생긴 청년 한 명이 적당한 간격을 두고 그 수업을 처음부터 끝까지 따라다니며 지켜보았습니다. 평소 그렇게도 씩씩하던 선생님의 목소리는 아들이 지켜본다는 긴장감에 많이 떨리는 듯했습니다. 그러나 당당했지요. 선생님의 당당함에 어쩐지 제 가슴이 벅차게 감격스러웠습니다.

교육, 배움의 차원에서 생각해보면 서울숲은 자원봉사자에게는 평생교육의 장이었습니다. 특히 노년기에 접어들어 사회적 역할이 없어지면서 책임감이 줄고 인간관계도 단절되는 과정을 겪어야 하는 어르신들께 서울숲은 인격적으로 존중받으며 창조적으로 재미있게 즐길 수 있는 소중한 놀이터가 되어주었습니다.

가정주부에게
자신의 이름을 찾아준 서울숲

2주 동안 나는 다섯 번의 프로그램 탐방 보조를 했고 세 번의 기업 봉사와 한 번의 신입교육 그리고 한 번의 모니터링까지 정말 서울숲을 많이 다녔다. 어제 드디어 탈이 났다. 머리가 아프면서 체기까지 있어서 저녁때 고생을 많이 했다. 몽땅 만나 눈인사(?)하고 약 먹고 자리 깔고 있다가 손님 오셔서 일어나서 움직이고 다시 눕고 하다가 간신히 괜찮아져서 오늘 운동 삼아 모니터링을 했다. 입술에 물집이 있어 마스크를 하고 모니터링을 한 후에 집에 와서 또 약 먹고 누웠다. 아마 너무 무리한 것 같고 내 마음이 많이 안 좋았던 것 같다. 이렇게 사적인 글을 적어도 되나 싶은데 나는 가끔씩 이렇게 감상적이 될 때가 있는 것 같다. 많이 우울하고 힘들었던 몇 주가 서울숲이 있어서 다행이라는 생각에 이렇게 적어보았다.

'서울숲가꿈이'라는 이름으로 자원봉사를 시작했던 C선생님이 게시판에 남긴 글입니다. C선생님은 간편한 복장으로 나타나 서울숲 나무를 모니터링하고, 서울숲 탐방 프로그램을 진행하기도 하는 등 자신을 필요로 할 때는 거절하는 일 없이 언제나 달려와 주는 서울숲의 뽀빠이였습니다.

C선생님은 주변 사람을 편안하게 해주었고 언제나 환하게 웃고 있어서 밝은 성격의 사람처럼 보였습니다. 하지만 선생님은 스스로를 밝은 사람이 아니라 밝아지고 싶어하는 사람이라고 했습니다. 자신이 부족하다는 생각에 상처를 많이 받게 된다고, 그런데 자원봉사를 하는 동안 자신의 부족함이 채워지는 것 같아 행복하다고, 그래서 더 열심히 자원봉사를 하고 싶다는 말도 했습니다.

주부라는 직업은 자기계발이나 교육이라는 차원에서 가장 취약합니다. 자신의 시간을 스스로 관리하는 지혜가 없다면 많은 시간이 헛되이 낭비되고 맙니다. 이런 측면에서 서울숲사랑모임의 다양한 교육은 결혼 후 자신의 이름 대신 아내로, 어머니로, 며느리로만 긴 세월을 살아온 주부들에게 배움 의식을 깨어나게 하여 자신의 이름을 되찾고, 사회와 소통할 수 있는 통로가 되어 주었습니다. C선생님이 서울숲에서 행복하셨던 것도 주도적으로 자기계발을 할 수 있도록 도와주는 서울숲사랑모임이 있고, 의욕을 북돋아주는 동료가 있었기 때문이라 생각됩니다. 서울숲의 모란꽃, C선생님은 지금 하늘나라숲에서 열심히 자원봉사를 하고 계시겠지요? 모란꽃의 환한 웃음이 그립네요.

서울숲 자원봉사는 결혼 후 자신의 이름 대신 아내로, 어머니로, 며느리로만 긴 세월을 살아온 주부들에게 자신의 이름을 되찾고, 사회와 소통할 수 있는 통로가 되어 주었다.

'홀로 스스로' 설 수 있도록
'함께 더불어' 를 실천하고 계신 홍성각 교수님

'홀로 스스로, 함께 더불어' 라는
자연의 이치를 교육을 통해 실천으로 보여주고 계신
홍성각 교수님께 존경과 감사, 그리고 사랑을 전합니다.

이 글은 '지구를 구하는 119그루 나무 심기' 를 할 때 홍성각 교수님께 한 그루 나무를 선물하며 함께 드렸던 사랑의 카드에 적었던 내용으로, 충만한 지적 자원과 자연을 향한 무한한 애정으로 서울숲이 개장했을 때부터 지금까지 자원봉사자의 버팀목이 되어주시는 홍성각 교수님께 서울숲 자원활동가가 드리는 감사의 마음이었습니다. 분명 서울숲 자원 활동가 중에 교수님에 대한 감사와 존경의 마음을 갖지 않는 사람은 단 한 사람도 없을 것입니다. 교수님을 떠올리면 절로 미소가 지어지는 즐거운 기억이 많습니다. 수목원 견학을 갔을 때 묵찌빠 대왕으로 등극하셨던 일, 명달리 산촌 워크숍 때 떡메를 들고 인절미를 치시는데 어찌나 힘이 좋으셨던지 떡메 머리가 댕강 날아가 웃음바다가 되었던 순간, 얼음판에서 천진한 아이처럼 썰매를 타며 자원활동가와 격의 없이 어울려 즐기시던 모습들이 모두 눈에 선합니다.

어느 해 스승의 날에는 케이크에 밝힌 촛불을 끄시는데 아주 힘겨우신 듯 간신히 하나씩 끄시면서 며느리 앞에서는 절대 한 번에 끄지 말고 여러 번 나눠서 힘없이 꺼야한다며, 그래야 며느리가 좋아하는 법이라고 우스개 말씀도 하셨지요. 수업을 하실 때는 귀를 쫑긋 세우게 하는 어눌한 말솜씨로 평생 연구해 오신 지식과 철학을 조근 조근 이야기하시는 모습 속에 노학자의 점잖음과 범접하지 못할 카리스마를 담고 계시지만 조크도 좋아하시는 멋진 교수님……. 소박함과 겸손함이 노거수의 향기처럼 배어있는 교수님께는 아날로그적 평온함이 느껴집니다.

우리가 '홍성각 벤치'로 부르는 기념 벤치에서 홍성각 교수님(우측에서 두 번째)과 촬영한 사진

2009년도의 스승의 날에는 서울숲사랑모임 핵심 자원활동가들이 뜻을 모아 홍성각 교수님께 감사하는 마음을 담아 벤치를 설치하였다.

교수님은 생리학과 생태학의 차이점을 일러주시며 '홀로 스스로, 함께 더불어' 라는 말씀을 강조하셨습니다. 서울숲에서 자원봉사를 하는 선생님들이 '홀로 스스로' 설 수 있도록 열심히 '함께 더불어' 를 실천하고 계시는 교수님의 모습을 십 년, 이십 년 뒤에도 뵙고 싶습니다.

서울숲사랑모임은 지킴이, 가꿈이, 알림이, 도우미 등 자신이 원하는 전문 분야에서 봉사하며 역량을 키워나가는 방식으로 시작하여 지금은 통합형 자원봉사 시스템을 운영하고 있습니다. 초기에는 사람을 키우고 양성하는 교육에 집중했다면 지금은 각자 자신이 가지고 있는 능력을 교환하고 나눌 수 있도록 커뮤니티를 공고히 하는 역할에 중심을 두고 있습니다. 시대의 변화에 따라 가장 필요로 하는 역할 모델로 자연스럽게 변화하고 있는 것입니다. 앞으로 서울숲은 더욱 아름다워지고 서울숲 곳곳에 기쁨과 행복의 열매가 열릴 수 있도록 봉사의 씨앗을 심는 선생님들이 더욱 넘쳐나겠지요? 어린 나무부터 그루터기만 남은 고목까지 잘 어우러져 있는 숲이 건강한 숲이듯, 서울숲사랑모임의 자원봉사자도 어린아이부터 노인까지 각자에게 맞는 역할로 조화를 이룰 수 있게 되면 참 좋겠습니다. 서울숲이란 늪에 빠졌던 저는 작년 여름 양평에 집을 짓고 원하던 시골살이를 시작했습니다. 생각과 다르게 시골살이가 녹녹하지 않겠지만 저는 나이가 들수록 제가 더 쓸 만한 사람이 될 것이란 믿음이 있습니다. 왜냐하면 제 삶의 중요한 시기를 서울숲에서 자원봉사자 선생님들과 함께 활기차고 의미있게 보낸 서울숲의 사람이니까요. 서울숲의 자원활동가를 대표하여 서울그린트러스트의 열 번째 생일을 다시 한 번 축하합니다!

"서울숲 청소년 인턴십은 서울숲이라는 공간에서 청소년들에게 사회 경험을 통해 자신의 잠재력과 재능, 적성을 찾아보도록 하는 프로그램으로, 서울숲 매거진 제작반 'Project 350'과 '청소년이 만드는 가을 페스티벌 기획단'이 운영되었다. 인턴십은 센트럴파크를 비롯해 해외 공원에서는 이미 많이 진행되고 있어 해외 프로그램을 참조하였다. 대표적으로 센트럴파크의 'Project 843'은 공부보다는 미디어에 관심 있는 지역의 청소년들에게 영화 제작, 편집, 사운드믹싱, 웹디자인, 마케팅, 프로모션, 이벤트 기획 등의 기회를 제공하여 사회에 적응하고 스스로 취미를 찾고 친구를 사귀고 리더십을 발휘하게 하는 프로그램이다."

얘들아,
서울숲에서
놀자

서울숲에서 진행된 청소년 프로그램

이민옥 _ 서울숲사랑모임 코디네이터

서울숲이 청소년에 관심을 갖게 된 것은 다른 공원과 차별화되는 프로그램을 구상하기 시작하면서부터였다. 다른 공원에서 하지 않는 것, 하지만 공원에서 꼭 해야 하는 것은 무엇일까를 논의하다가 2009년 하반기부터 그간의 프로그램에 대해 돌아보기 시작했다. 서울숲이 개장한 2005년 무렵부터 많은 공원과 산림에서 숲을 기반으로 한 프로그램이 봇물처럼 쏟아져 나왔지만 유치원과 초등학생을 대상으로 하는 숲해설 내지 숲체험 프로그램이 대부분이었고, 서울숲사랑모임 역시 수많은 프로그램을 진행하며 인기를 얻고 있었지만 그대로 만족하기에는 뭔가 부족함이 있었다.

우리나라 최초의 시민참여 공원으로서 힘들고 서툴더라도 한발 먼저 내딛는 프로그램을 시도해보는 것이 서울숲의 역할이라는 공감대가 형성되었고, 미래의 공원이 해야 할 다양한 역할 중에서 청소년과 노인을 품는 것이 무엇보다 중요하다고 판단하게 되었다. 청소년 범죄와 탈선, 탈학교 청소년, 입시 위주의 교육, 학교폭력 등으로 대두되는 청소년 문제를 보듬고 풀어내는 일, 늘어나는 노인 인구 특히 한창 일해야 할 노인들에게 자원봉사와 재교육을 통해 일할 기회, 사회에 공헌할 수 있는 기회를 마련해 주는 일, 이것이야말로 공원의 역할이 아닐까? 여기저기서 자료를 모으기 시작했다. 그 과정에서 공원의 가치와 기능이 무엇인가에 대해 심도 깊은 토론이 이어졌고, 이러한 문제제기로부터 서울숲 청소년 프로그램은 시작되었다.

함께보다는 혼자가, 오프라인보다는 온라인에서의 대화가 편하고, 여유를 즐길 줄 모르는 청소년들이 자연에서 흙과 공기, 나무를 벗 삼아 스스로 자유를 찾고, 다양한 봉사활동과 예술, 스포츠, 동아리 활동을 통해 문화적 감성을 살리고, 무엇보다 서울숲을 자신의 놀이터처럼 찾을 수 있게 만들어보자! PC방보다는 서울숲에서 놀게 하는 것, '일부러 서울숲에 가야지' 해서 오는 것이 아니라 '친구가 좋아, 공간이 좋아, 프로그램이 좋아 오다보니 거기가 서울숲이었네. 아, 자연이 이렇게 좋은 것이구나' 를 느낄 수 있도록 해보자는 것이 서울숲 청소년 프로그램의 미션이었다.

청소년에
관심을 두다

2009년 청소년 프로그램은 "학교에서 정해준 봉사활동 시간을 어떻게 채울지 고민하는 청소년들에게 우리가 어떻게 의미 있는 봉사활동 프로그램을 제공할 수 있을까" 라는 질문에서 시작하였다. 서울숲이 전문 청소년 단체가 아니기에 서울숲의 장점인 봉사활동을 청소년 프로그램에 결합하기로 하였다. 특히 대입 전형의 영향으로 청소년 봉사활동의 수요는 급격히 증가하였으나 많은 기관에서 준비가 되지 않은 상태에서 청소년 봉사자들을 맞이하고 있었고, 청소년들 역시 학교에서 정해준 시간만을 채우고자 하는 소극적 태도로 활동에 참여하는 경우가 많았다. 서울숲에도 청소년 봉사활동에 대한 문의가 종종 있어온 터였다. 안할 수도 없고 하기엔 귀찮은 봉사활동을 재미있고 성취감을 느낄 수 있는 프로그램으로 바꾸어보자는 것이 청소년 프로그램의 첫 번째 미션이었다.

단체로 혹은 개인으로 봉사활동을 신청하는 청소년들을 위해 매뉴얼을 만들고 봉사활동에 대한 의견도 듣고 서울숲에서 필요한 봉사활동도 함께 찾아보며, 때론 잡초 제거도 하고 때론 캠페인 활동도 하고, 서툴지만 조금씩 소통하며 청소년들의 의견을 반영하기 시작했다. 이 과정에서 개발된 프로그램이 '우리는 지렁이 친구' 이다. 지렁이처럼 환경을 생각하고 지구를 위해 노력해보자는 뜻을 가진 청소년들이 모여 학습과 실질적인 체험을 통해 지구 환경의 소중함을 알아가는 과정으로 구성하고, 해설 위주의 환경 교육이 아닌 청소년 스스로 세부 프로그램을 기획하고 타인과 조화를 이뤄 성과를 내는 조별 미션을 통해 협동심을 키우는 것을 목표로 했다.

청소년 프로그램을 시작하다 - 우리는 지렁이 친구

2010년에 진행된 '우리는 지렁이 친구(청소년들은 '우리지구' 라고 줄여 불렀다) 는 봉사 학습 프로그램이다. 봉사 학습이란 자원봉사 활동의 전후에 실시되는 교육과 기획, 실습, 평가 과정을 모두 포함하는 개념으로, 지역사회에서 요구되는 '봉사활동' 은 물론이고 교실에서 배운 것을 지역사회에서의 실습을 통해 강화하는 '학습' 까지 포함하는 활동이다. '우리는 지렁이 친구' 는 중고등학교의 환경 분야 CA활동(방과후 특별활동) 혹은 환경 동아리와 연계하거나 관심 있는 개인의 참여를 통해, 사회 문제(특히 기후변화)를 해결하기 위한 연구, 조사, 인터뷰, 적용, 평가 등의 과정을 직접 기획 및 진행해보는 커리큘럼으로, 작지만 큰 일꾼인 지렁이처럼 환경을 지키고 보호하는 실천에 앞장 설 청소년 환경지킴이 양성을 목표로 구성되었다.

이 프로그램은 참가자 스스로 사회 문제를 파악하고 해결해 나간다는 의식을 갖고, 자신이 직접 실천 계획을 세우는 것이 중요하다. 여름방학에는 6회 과정으로 환경 정화 활동 및 환경 퍼포먼스를 하며 시민들에게 캠페인 활동을 하였고, 겨울방학에는 손수 만든 쓰레기분리수거 게임을 가지고 경생원에 가서 동생들과 게임도 하고 분리수거 교육도 하는 의젓한 모습을 보이기도 했다.

프로그램을 진행하는 자원활동가들에게도 '우리는 지렁이 친구'는 무척 새로운 프로그램이었다. 유치원과 초등학생 대상 프로그램은 걱정이 없었지만, 우리에게는 청소년을 대하는 스킬이 부족했고, '청소년들은 무섭다, 말을 안 듣는다' 등의 편견을 가지고 있었기에 기획 초반에는 선뜻 "내가 해보겠다!"라고 자원하는 활동가들이 없었다. 하지만 2회에 걸쳐 '우리는 지렁이 친구'를 진행한 자원활동가들은 "생각보다 청소년들이 속이 깊다"고 말하는 반전을 선사하기도 하였다.

청소년에 집중하다 -
청소년 플레이 메이커

2011년 서울숲은 청소년에 보다 집중하기로 결정했다. 서울숲에서는 이미 다양한 프로그램을 진행해 왔고 또 여러 연령층을 대상으로 앞으로도 프로그램을 계속 진행해 나갈 계획을 갖고 있었지만, 청소년에게 더욱 집중하기로 한 것은 그들이 무엇이든 쉽게 그리고 재미있게 받아들일 준비가 되어 있고, 문화를 바꾸고 세상을 바꿀 잠재력을 가지고 있기 때문이다. 또한 우리 시대 청소년들에게 무엇보다 필요한 것이 탁 트인 야외에서 만날 수 있는 한 줌의 햇볕과 한 줄기의 바람이라고 생각하였다.

2011년 서울숲 청소년 프로그램은 청소년 플레이 메이커와 함께 하였다. 청소년 플레이 메이커는 서울숲을 찾는 청소년들을 위한 멘토로서, 기존 위원회 형식의 전문가 모임과는 성격이 조금 다르다. 청소년 플레이 메이커는 "프로그램을 완벽하게 만들어 제공하는 것이 아니라, 청소년들이 직접 참여해 스스로 프로그램을 만들고, 내가 혹은 친구가 즐겁게 놀 수 있는 무대를 서울숲에 만들어보도록 조언하고 이끌어주는 역할을 하는 전문가 집단이다." 또한 서울숲 청소년 프로그램을 만들어가는 과정에서 함께 고민하고 실천하는 모든 사람들, 즉 전문가 그룹, 청소년, 교육청, 중고등학교, 서울숲사랑모임, 자원활동가, 서울시가 모두 서울숲의 청소년 플레이 메이커가 되기를 희망하였다.

청소년 플레이 메이커가 함께한 2011년 청소년 프로그램은 크게 '우리지구'와 함께, '리빙 라이브러리', '청소년 인턴십'이 새롭게 추가되었다.

리빙 라이브러리

리빙 라이브러리Living Library는 덴마크 사회운동가 로니 에버겔이 2000년에 개최된 음악 페스티벌에서 시작한 '살아있는 도서관Human Library'으로 불리는 캠페인이다. 도서관에서 책을 빌리듯 사람(책)을 빌리는 방식으로, 사람과 사람이 만나서 대화를 하면서 서로를 이해하고 타인에 대한 편견과 선입관, 오해, 고정관념을 줄이자는 취지로 시작한 행사이다. 서울숲 리빙 라이브러리는 2011년 5월에 처음 진행되었는데 사무국에서 사람책을 섭외하고 한양사대부고와 행당중 독서부 친구들이 독자로 참가하였다. 같은 해 11월에 진행한 2회 리빙 라이브러리는 한양사대부고의 친구들이 기획단이 되어 행사를 직접 기획, 준비, 진행하였으며, 3년째 지속되고 있다.

청소년 인턴십

서울숲 청소년 인턴십은 서울숲이라는 공간에서 청소년들에게 사회 경험을 통해 자신의 잠재력과 재능, 적성을 찾아보도록 하는 프로그램으로, 서울숲 매거진 제작반 'Project 350'과 '청소년이 만드는 가을 페스티벌 기획단'이 운영되었다.

인턴십은 센트럴파크를 비롯해 해외 공원에서는 이미 많이 진행하고 있어 해외 프로그램을 많이 참조하였다. 대표적으로 센트럴파크의 'Project 843' *은 공부보다는 미디어에 관심 있는 지역의 청소년들에게 영화 제작, 편집, 사운드믹싱, 웹디자인, 마케팅, 프로모션, 이벤트 기획 등의 기회를 제공하여 사회에 적응하고 스스로 취미를 찾고 친구를 사귀고 리더십을 발휘하게 하는 프로그램이다. 'Project 843'을 응용해 서울숲에서 2009년에 진행한 '어린이 숲 수호대'는 나만의 영화 만들기라는 주제로 초등학교 4, 5, 6학년 어린이들이 직접 시나리오를 쓰고 콘티를 그리고 배우가 되어 보고, 촬영과 편집을 하고 시사회를 개최하는 등 영화 제작의 전 과정에 참여하면서 재능을 찾고 또래친구들과의 협동심을 배우고 성취감을 얻어낸 프로그램이었다.

이때의 경험과 해외 프로그램의 장점을 벤치마킹해 준비된 2011년 청소년 인턴십의 첫 프로젝트는 'Project 350'으로 서울숲 매거진 제작을 주제로 하였다. 서울숲 매거진 제작을 위한 'Project 350'은 기자, 에디터라는 직업에 관심을 갖고 있는 친구들과 사진, 디자인, 만화, 일러스트 등의 분야에 재능을 가진 청소년을 대상으로, 서울숲과 환경에 대한 이해를 바탕으로 다양한 분야를 경험할 수 있는 기회를 제공하였고, 이 과정을 통해 진로 선택에 도움이 될 수 있기를 바랐다.

---

* 843은 센트럴파크의 면적 843에이커를 의미한다.

서울숲 매거진 제작을 주제로
기획한 'Project 350' 기념사진

　　서울숲 가을 페스티벌은 서울숲을 대표하는 문화 축제로 매년 특별한 주제를
가지고 진행되며 시민의 참여를 통한 새로운 공원 문화 만들기를 목표로 하고 있
다. 2011년 제6회 행사는 청소년이 기획자가 되어 직접 프로그램을 짜고 구성해가
는 청소년 축제로 마련하였다. 청소년들은 힘들게 일상을 살아가는 부모님을 비
롯한 어른들과 주변의 친구들이 도시의 지친 일상에서 벗어나 새로움을 만나는
곳이 서울숲이 되었으면 하는 바람을 담아 "도시에서 일출(일상탈출)을 보다"라는
주제를 선정하였고, 일출 스테이지, 다르게와 느리게 콘셉트로 진행한 걷기와 카
페 부스, 서울숲 어드벤처와 소원을 말해봐, 시민들과 일출호 만들기 등 새로운 프
로그램으로 서울숲 가을 페스티벌을 활기차게 해주었다.

우리는 지렁이 친구

그 사이 '우리는 지렁이 친구'는 서울숲을 찾아오는 청소년들을 기다리지 않고 학교로 찾아가는 시도를 하였다. 한대부고, 성수고, 광남고 환경 동아리 친구들과 1년 동안 서울숲과 학교를 번갈아가며 5회의 프로그램을 진행하였고, 한 번은 서울숲에서 세 학교가 모두 모여 서울숲의 유해 식물을 제거하고 350 퍼포먼스를 함께 하였다.

청소년 스스로 준비하다 - 서울숲 리빙 라이브러리

2012년을 맞아 서울숲은 2011년에 이어 '청소년이 행복한 서울숲'을 기치로 내걸고 새로운 프로그램을 만들어내기보다는 이전의 프로그램을 어떻게 더 알차게 발전시켜 나갈 것인가를 고민하였다. 서울숲 매거진 제작반 Project 350은 '서울숲

'서울숲 리빙 라이브러리 꿈이 피어나다 - Living Library Blossom'을 기획한 학생들

청소년 기자단'으로 이름을 바꾸어 활동을 시작하였고, 서울숲을 알리는 기사를 작성하고 온라인 뉴스레터를 제작하여 발송하는 활동을 전개하면서 캘리그라피와 디자인까지 아우르는 활동을 하였다. 서울숲 가을 페스티벌 기획단 역시 "내 안의 영웅을 깨우다"라는 주제로 가을 페스티벌에서 한층 더 발전된 역량을 보여주었다. 또 서울숲과 바로 인접한 성수고등학교의 창의 체험 활동과 연계하여 아웃도어 스쿨도 새롭게 진행하였다.

3회째를 맞이한 리빙 라이브러리는 애초에 기획단을 공개적으로 모집할 계획이었다. 그런데 1회에 독자로 참여했다가 2회에 기획단 활동을 했던 한대부고 학생들이 이번에 제대로 한번 기획단 일을 해보고 싶다는 의지를 전해왔다. 한 동아리에게 특혜를 주는 것은 옳지 않다는 의견도 있었지만 뜻을 가진 청소년들을 믿어보자는 의견이 훨씬 더 힘을 얻었다. 결국 면접을 통해 치열한 경쟁을 뚫고 선발된 한대부고 서브동아리 TEENS SEOUL의 회원 16명이 서울숲 리빙 라이브러리의 기획단이 되었다. 기획단 친구들은 2주에 한 번씩 만나면서 리빙 라이브러리에 대해 공부도 하고 어떤 분들을 사람책으로 모셔올 것인가를 토론하였다. 제목을 정하는 작업도 오랜 시간 논의가 이어졌다. 결국 리빙 라이브러리를 통해 우리의 꿈도 피어나고 꽃도 피어나 열매를 꿈꾸자는 의미를 담아 '서울숲 리빙 라이브러리 꿈이 피어나다 - Living Library Blossom'이라는 다소 긴 제목이 정해졌다.

섭외 대상이 된 사람책에게 메일을 보내고 전화를 걸어 이 행사의 의미를 설명하고 참석을 의뢰하고 일정을 안내하는 것도 오롯이 기획단의 몫이었다. 중간에 시험기간이 있어 기획단의 활동이 잠시 멈추기도 했고, 정해진 일정대로만 일이 진행되는 것이 아니다보니 마음을 졸이기도 했지만, 시간이 흐르면서 점차 사람책이 섭외되기 시작하였고 독자 신청도 자못 열기를 띠었다. 또한 행사를 앞두고 서울여대 봉사 동아리와 연락이 되어 기록 봉사를 해주기로 하였다. 다양한 분야에서 활동하고 있는 18명의 사람책들과 독자로 신청한 90여명의 학생들은 행사 당일 오리엔테이션을 받았는데 이 또한 기획단 친구들이 진행을 하였다. 리빙 라이브러리가 진행되던 날, 날씨는 화창했다. 현장에서 발생하는 소소한 문제들 때문에 살짝 긴장하기는 하였지만 행사는 순조롭게 진행이 되었고 대화의 시간이 이어지면서 서울숲 가족마당 한켠, 잔디밭 위에는 오월의 신록 아래 청소년들과 그들에게 자신의 이야기를 해주는 사람책들이 진지하게 대화를 나누는 모습이 연출되었다. 행사를 마치고 사람책으로 참여했던 어른들도, 독자로 참여했던 청소년들도 쉽게 자리를 뜨지 못하였다. 오히려 자신이 더 많은 것을 느끼고 배웠다며 감사해하는 사람책도 있었고 사실 요즘 청소년들에 대해 별로 기대하지 않고 살았는데 그런 자신이 미안하며 청소년들을 이해하고 믿게 되었다는 사람책도 있었다. 청소년들은 소감을 써달라는 포스트잇에 빽빽하게 자신들이 느낀 소감을 적어 주었다.

> "관심을 가지고 있던 분야에 있는 분과 관심이 없고 지식도 아예 없던 분야에 계신 두 분을 오늘 만났다. 관심이 없는 분야에 계신 분과 얘기하는 게 더 재밌다(?)라는 생각도 들었다. 왜냐하면 관심이 없었기 때문에 더 알고 싶고 자세히 들으려고 하다보니까 더 흥미로웠던 것 같다. 앞으로 또 한 번 참여해봐야겠다."

> "정말 여러 가지 내가 갖고 있는 생각들이 바뀐 것 같다. 내가 어떻게 해야 될지 대화를 나누면서 뭔가 알기도 하고 혼란스럽고 복잡하기도 했다. 나에 대해 더 생각해 보는 시간을 가져야겠다."

> "구현지 프리랜서 에디터, 이강오 서울그린트러스트 사무처장님과 함께 대화를 나누었다. 내가 원하는 꿈은 무리수가 아니라는 것을 깨닫고, 이루고 말 것이라는 다짐을 했다."

청소년기획단이 준비한 서울숲 리빙 라이브러리는 행정안전부가 후원하고 민주화운동기념사업회에서 주최한 제2회 시민교육박람회에서 우수사례로 뽑혀 '아름다운가지상(우수상)' 을 수상하기도 하였다.

학교를 넘어 학교를 만나다 -
아웃도어 스쿨

2012년에 시작한 아웃도어 스쿨은 서울숲과 인접한 성수고의 지리적 조건을 십분 활용해 시도했던 프로그램이다. 성수고의 창의 체험 활동과 연계하여 1학년의 절반이 넘는 학생들이 참여하여 8개의 주제반으로 나눠 진행하였다. 3월부터 10월까지 주제반마다 2~3명의 서울숲사랑모임 자원봉사자들의 지도 아래 서울숲의 생태에 대해 관찰하고 느껴보는 시간을 가졌다. 2013년에는 문화로 생태에 접근할 수 있는 기회를 마련하고자 신문기자, 작가, 미술치료사, 세밀화 강사 등 문화 전문가들이 청소년과 소통하며 4개 학교 8개 반의 아웃도어스쿨을 진행하고 있으며 성동교육청과 협력하여 직업체험반도 운영중이다.

서울숲에서 청소년 프로그램을 고민한 지 5년째, 2013년 서울숲은 청소년들과 무엇을 할까 여전히 고민중이다. 물론 리빙 라이브러리 기획단은 2013년 봄에도 서울숲 리빙 라이브러리 '봄을 보다 봄ㆍ봄'을 진행하였고, 기자단은 열심히 기사를 쓰고 온라인 뉴스레터도 발송하고 있다. 페스티벌 기획단도 부지런히 서울숲을 드나들며 가을 페스티벌의 밑그림을 그리고 있으며 봉사활동을 하고자 하는 청소년들도 여전히 많이 온다. 그래도 더 많은 청소년들이 서울숲을 무대로 다양한 꿈을 꾸고 여러 가지 시도를 해보며 놀이터처럼 이용했으면 하는 바람이다.

물론 서울숲에서 준비하고 진행하는 청소년 프로그램이 특별하지도 않고 매끄러워 보이지 않을 수도 있다. 하지만 이러한 프로그램이 공원을 중심으로 진행되고, 공원에서 청소년을 위한 프로그램을 고민하고 있다는 것은 새로운 도전이 될 것이다.

"서울숲에서 최근 집중하고 있는 프로그램 중의 하나는 'It's my park day' 이다. 하루 단위의 가족 프로그램으로, 2~3시간 정도의 숲 가꾸기 봉사 활동과 문화 프로그램으로 구성된다. 2013년 'It's my park day' 는 달력에 있는 기념일, 특히 환경과 관련된 날을 찾아서 매월 다른 주제를 가지고 진행해보면 어떨까 하는 생각으로 시작되었다. 또한 문화 프로그램도 서울숲에서만 할 수 있는, 서울숲의 공간을 활용한 체험이면 좋겠다고 생각했다. 그래서 탄생한 2013년 3월, 첫 번째 'It's my park day' 는 '물의 날' 을 기념한 물 상식 퀴즈와 물 사용 올림픽, 그리고 서울숲의 물길을 활용한 가족배 띄우기 프로그램들이 진행되었다."

서울숲은
보물섬이다

It's my park day,
서울숲의 시민참여 프로그램

이한아 _ 서울그린트러스트 서울숲사랑모임 사무국장

열려라, 서울숲!

서울숲에서 진행된 프로그램들을 한번 정리해보자. 개장 후 10년 가까운 시간이 흘렀지만, 그래도 가장 먼저 생각나는 것은 2005년 6월에 열린 서울숲 개원 행사가 아닐까 싶다. '열려라, 서울숲'이라는 이름으로 진행된 이 행사는 준비한 시간에 비하면 제대로 빛을 보지 못한, 약간의 아쉬움이 남는 프로그램이다. 전야제 행사로 성대하게 개최된 KBS 열린 음악회와, 마치 테마파크 오픈을 연상시키는 광고 때문이었는지, 개장과 함께 예상을 훌쩍 뛰어넘는 수많은 인파가 서울숲을 찾았다. 심지어 '구경 한번 하러 가자'는 식으로 관광버스도 줄을 이었다. 이른 아침, 출근길부터 검은 무리들과 함께 공원을 향해 걸었던(좀비 영화처럼 앞만 보고 줄지어 걷는) 광경이 여전히 기억의 한 갈피 속에 남아 있다. 그때는 아침이건 저녁이건 상관없이 늘 공원에 사람들이 가득했다. 이러다 보니 프로그램을 진행해서 방문객들을 한 곳에 오래 머물게 하는 것이 위험하고, 개장 후 두 번째 맞는 주말 방문객 수는 더욱 많을 것이라 판단했기 때문에(사실 예상조차 할 수 없었다) 부득이하게 프로그램을 취소할 수밖에 없었다. 그나마 주중 프로그램 가운데 몇 가지는 예정대로 진행이 되어, 고생한 스태프들에게 조금이나마 위로가 되었다. 그중에서 개인적으로 가장 기억에 남았던 프로그램은 열기구와 여름밤을 시원하게 해준 멋진 공연이었다. 가까이에서 보기는커녕 한번 타 보지도 못했던(나는 지금까지도 열기구를 타 본 적이 없다) 열기구를 서울숲에서 띄워봤다는 것은 특별한 기억이 아닐 수 없다. 하늘로 올라간 열기구의 방향을 잡느라, 스태프들과 자원봉사자들이 열기구를 묶어놓은 줄을 잡고 여기저기 뛰어다니던, 그러다 간혹 바람의 세기를 못 이겨 열기구에 끌려가던 몇몇 스태프들의 모습이 아련하다. 지금 생각하면 웃음이 나오지만 그때는 순간 아찔했다. 서울숲에서 시민들과 함께 다양한 문화를 만들어가고 싶던 꿈과 설렘이 있었고 동시에 몰라서 용감하기도 했다. 더불어 무모하지만 해보고 싶은 건 할 수 있었던, 그래서 힘들지만 웃음이 가시지 않았던 일주일이었다.

개원행사 프로그램 중에서 거울연못에 배 띄우기는 지금 생각해도 참 멋진 프로그램이면서 동시에 약간의 아쉬움도 남는 행사였다. 이 프로그램은 프랑스 파리에 위치한 뤽상부르 정원의 연못에서 모형배를 긴 막대기로 밀고 당기는 단순한 놀이에도 너무 즐거워하던 가족들의 모습이 떠올라 기획하게 되었다. 프로그램을 구체적으로 발전시키면서, 우리는 우리만의 정서를 담아, 모형배 대신 돛단배로, 그리고 배는 재활용 스티로폼을 이용하고, 종이 돛에는 소원이나 희망 메시지를 적게 했다. 그리고 안전을 고려해 연못 대신 서울숲 광장의 거울연못에서 진행했다. 시민들은 대단한 프로그램이 아니었음에도 굉장히 즐거워했고, 노을 진 거울연못 위에 떠있는 돛단배는 시민들의 밝은 웃음과 함께

서울숲 하늘로 두둥실 떠올랐던 열기구.
개원행사인 '열려라, 서울숲!'의 부대행
사로 기획되었다.

거울연못에서 진행된 배 띄우기 프로그램. 이때만 해도 거울연못 주변에는 울타리가 없었다.

근사한 경관을 연출해주었다. 단 한 가지 아쉬웠던 점은 우리의 생각보다 너무 크고 넓은 거울연못*의 크기였다. 크기가 상당한 거울연못 위에서는 수백 개의 돛단배도 너무 적어 보였다. 게다가 잔잔하게 흐르던 물까지 멈춰버려 더 이상 떠내려가지 못하고 한쪽에 옹기종기 모여 있는 돛단배가 외로워 보이기까지 했다. 그나마 돛단배가 원래 쓸쓸한 분위기와 제법 잘 어울리지 않느냐는 논리(?)를 앞세워 우리 스스로를 위로했었다. 거울연못에 배 띄우기 프로그램은 이후에도 여러 번 시도되었다. 플로팅 양초도 띄워 보았고, 대형 모형배도 띄워 보았다. 매번 잘 알고 있음에도 실감하지 못하는 거울연못의 크기와 흐르지 않고 멈춰버리는 물(공원의 물 체계상 시간, 요일에 따라 물이 흐르지 않고 고여 있을 때가 있다) 때문에 상처를 받기도 하지만, 포기하지 못하고 늘 재도전하게 하는 것은 나뭇잎 하나가 떠 있어도 뭔가 있어보이게 하는 그 무엇, 거울에 비치는 메타세쿼이아와 그 장면에 큰 관심을 보이는 사람들이 어우러져 만들어내는 경관의 아름다움 때문일 것이다. 이것이 바로 거울연못이 주는 낭만이 아닐까.

＊ 거울연못은 서울숲광장 초입부에 있는 시설로, 수심을 약 3센티미터로 얕게 하고 바닥을 검은색 타일로 마감하여 주변의 나무들이나 풍경이 거울처럼 비치게 설계되었다. 물이 잔잔히 흐르도록 설계하여 바닥분수의 왼편에 식재된 메타세쿼이아 나무들의 멋진 모습을 볼 수 있고, 바람이 거의 없는 날에는 서울숲 맞은편에 위치한 응봉산이 거울처럼 수면에 비치는 멋진 경관도 감상할 수 있다.

주변의 풍경을 고스
란히 받아들이는 거
울연못은 그 자체로
서울숲의 중요 보물
이 아닐 수 없다.

서울숲의
대표 프로그램은 뭐죠?

이래저래 개원행사의 어수선함도 정리되고, 서울숲에서는 본격적으로 교육 프로그램이 운영되기 시작했다. 당시만 해도 공원에서 무엇인가 프로그램을 한다는 것은 흔한 일이 아니었다. 게다가 새로 생긴 대형 공원에서 그것도 공짜로 다양한 프로그램을 선보인다니 프로그램마다 대성황을 이뤘다. 특히 곤충 프로그램의 인기는, 참가자들에게 뿐만 아니라 언론에서도 최고조에 달했다. 2005년, 2006년 서울숲의 대표 프로그램은 명실상부 '난 곤충이 좋아' 였다. 서울숲에 살고 있는 다양한 곤충들을 찾아 관찰하고, 자연놀이와 함께 나무 조각으로 직접 곤충도 만들어보면서 곤충의 생활과 일생을 알아보는 참여 프로그램으로, 행사의 마지막은 늘 직접 만든 나무곤충을 들고 인증사진을 찍는 것으로 마무리되었다. 서울숲 뿐만 아니라 어디든 마찬가지였겠지만, 그 당시에는 수업 종료 후 집에 가져갈 수 있는 무엇이 있는가 없는가가 교육 프로그램을 선택함에 있어 아주 중요한 요소였다. 그래서 단순한 해설 프로그램을 넘어 체험형 프로그램이 인기를 얻었다.

더불어 인기 있던 프로그램은 유치원 프로그램이었다. 유치원 단체를 대상으로 하는 '숲속이야기' 프로그램은 성동구 도시관리공단이 운영하는 성동구민 체육센터 수영장(서울숲 바로 옆에 있다)과 서울숲에서의 놀이프로그램을 연계한 것으로 1년 넘게 장수하며 소문을 타고 서울숲의 또 다른 대표 프로그램으로 자리잡았다. 더불어 유치원 프로그램을 진행하던 자원봉사자 선생님들도 함께 성장했고, 서울숲 경계를 넘어 숲놀이 프로그램의 인기 강사가 되기도 했다. 이렇게 시간의 흐름 속에 공원의 프로그램도 많이 변화했다. '난 곤충이 좋아', '숲속이야기' 프로그램은 서서히 다른 프로그램들로 대체되었고, 'It's my park day', '서울숲 마음 치유', 'Outdoor school' 등의 프로그램이 생겨났다. 또한 '어린이 숲 수호대', '숲속 보물찾기' 등의 프로그램도 스쳐갔다. 초기 프로그램이지

어린이들이 직접 시나리오를 쓰
고 콘티를 짜고 배우로 활약하며
영화 제작의 전 과정에 참여했던
'어린이 숲 수호대' 프로그램

만 '친구들아 함께 날자', '주말 가족 생태나들이' 등 장수 프로그램도 존재한
다. 서울숲 초기엔 만들기 위주의 체험형 프로그램이 인기 있었다면 몇 년 전에
는 미술, 영화 등 융합형 문화 프로그램이, 요사이에는 가족들이 함께 할 수 있
는 이벤트 프로그램과 연속성 프로그램, 힐링과 치유 프로그램이 대세를 이루
고 있다.

'어린이 숲 수호대'는 열정을 가진 멘토와 시스템만 갖춰진다면 다시금 해보고 싶은 욕심이 나는 프로그램이다. 영화를 찍는 프로그램의 특성상 촬영장비 및 편집 가능한 노트북 등이 필요해서 지속화가 어려웠지만, 스마트폰으로 찍은 상업영화도 나올 정도니, 지금은 다시 한번 시도해볼만 하지 않을까 싶다. '어린이 숲 수호대'는 다른 공원에서 하지 않던 새로운 프로그램이었다. 뉴욕 센트럴파크에서 지역 청소년들과 함께했던 'project843' * 프로그램을 벤치마킹해서 초등학교 4·5·6학년 어린이들을 대상으로 진행했다. 어린이들이 직접 시나리오를 쓰고 콘티를 짜고 배우가 되어보고, 촬영과 편집을 하고 시사회를 개최하는 영화 제작의 전 과정에 참여하면서 재능을 찾고 또래친구들과의 협동심을 배우고 성취감을 얻어낸 나만의 영화만들기 프로그램이었다. 서울숲을 배경으로 영화를 만들어야 하기에 서울숲 역사와 공간에 대한 이해가 필요했고, 서울숲을 찾은 방문객들이 배우가 되고 때로는 비평가가 되어주었다. '어린이 숲 수호대'는 왠지 영화와 관련 없는 프로그램 같지만, 어린이들이 관심 있는 분야를 통해 서울숲을 좀 더 알고 사랑할 기회를 주자는 의도에서 숲 수호대라는 제목을 붙이게 되었다. '어린이 숲 수호대'에 참여했던 참가자 중 한 친구는 현재 고등학생이 되었고, 2012년부터 서울숲 청소년 기자단으로 활동하면서 2013년 대표 프로그램인 'It's my park day' 홍보 영상을 만들고 있다. 서울숲에서 자연과 함께 성장했고, 서울숲의 프로그램을 통해 새로운 것을 배우고 익혔고, 또 그것을 서울숲에서 활용하고 다른 사람들에게 나누고 있다. "서울숲은 나에게 나비(나눔과 비전)다"라고 말하는 이런 보석 같은 친구들이 많아서, 서울숲은 보물섬인가 보다.

---

* 센트럴파크의 Project 843은 공부보다는 미디어에 관심 있는 지역의 청소년들에게 영화 제작, 편집, 사운드믹싱, 웹디자인, 마케팅, 프로모션, 이벤트 계획 등의 기회를 제공하여 사회에 적응하고 스스로 취미를 찾고 친구를 사귀고 리더십을 발굴하게 하는 프로그램이다.

세~프~ SEFF를
아세요?

축제의 기본은 약자가 아니었던가? 대부분 유명한 축제들은 모두 약자로 불린다. 그래서 가을 페스티벌을 기획할 때도 작명에 신경을 많이 썼다. 매년 가을, 서울숲에서 시민들이 함께하는 축제를 정기적으로 하면 좋겠다는 생각으로 시작했기에, 너무나 단순하게 서울숲·가을·페스티벌이 되었고, Seoul Forest Fall Festival의 앞 글자를 따서 SEFF라는 영문 약자와 BI를 만들었다. 서울숲에서 진행하는 행사 중 유일하게 BI를 개발, 행사의 이미지를 통일했다. BI와 SEFF가 많이 알려지진 못했지만, 매년 진행되는 가을 페스티벌을 기억하게 하고자 디자인과 이미지에 통일감을 주는데 노력하고 있다. 더불어 유일하게 공식 기념품이 있는 행사이기도 하다. 서울숲의 바람wish을 담은 종이 바람개비를 나누어 주는데, 이는 첫 해부터 대박상품으로 자연스럽게 서울숲 가을 페스티벌의 공식 기념품으로 자리 잡으며, 행사의 분위기 조성에 효과적이라는 평가를 받았다. 바람개비는 서울숲의 첫 사회공헌 기업인 SK에너지가 매년 후원하고, 직접 기업 임직원들이 하나하나 만들기 봉사활동도 한다. 후원, 자원봉사, 행사, 기념품이 연결된 좋은 아이템이라 할 수 있다.

●
서울숲 가을 페스티벌의 공식 기념품인 바람개비. 서울숲의 바람(wish)이 담겨 있는 뜻깊은 기념품이다.

●
'수북수북(樹book)'이라는
주제로 진행된 4회 가을 페
스티벌 광경

가을 페스티벌은 개인적으로 가장 애착이 가는 프로그램 중의 하나다. 첫 번째
2006년 1회 가을 페스티벌의 마지막 공연이 끝나고, 자원봉사자와 스태프, 그리
고 공연을 함께 즐겼던 관객들이 서로에게 박수를 치며 격려하던 그때 그 순간
의 느낌과 벅찬 기운이 약이 되어서인지 행사 전후로 겪는 슬럼프와 행사기간

동안의 몇 수십 번 변하는 극심한 내적 갈등에도 불구하고 매년 그때가 되면 행사가 기다려진다. 물론 가끔 당황스럽고 감당하기에 어려운 민원인들도 있다. 늦은 밤까지 본인의 아이를 핑계 삼아 말도 안 되는 요구와 억지로 골탕을 먹이는 어머니도, 무조건 '챙기고 보자' 주의로 만들기 프로그램 샘플을 너무나 당당히 가져가시는 어르신도 있고, 우선 안 통한다 싶으면 막무가내로 큰 소리로 막말을 하는 분들도 있다. 그래도 늘 행사를 하면서 만나는 새로운 분야의 전문가들과 행사를 같이 즐겨주는 멋진 시민들 덕에 또 웃고, 그들을 위해서 올해는 어떤 프로그램을 하면 좋을까 고민한다. 매년 찾아오는 단골 가족도, 첫날 프로그램에 참가해보고 둘째 날 친구들까지 데리고 오는 동네 꼬마도, 부인과 처형을 위한 선물을 준비한다면서 만들기 부스에 앉아 꼼꼼하게 체험에 집중하는 외국인 근로자 등도 모두 모두 기억에 남는다.

가을 페스티벌은 매년 새로운 주제만큼, 포스터를 보는 재미도 있다. 2011년부터는 청소년 가을 페스티벌 기획단이 함께 해서 재기발랄한 주제와 함께 포스터 디자인도 훨씬 좋아졌다. 개인적으로는 '수북수북 樹book' 이라는 주제로 진행된 4회 가을 페스티벌과 '내 안의 영웅을 깨우다' 라는 주제로 진행된 7회 가을 페스티벌 포스터가 기억에 남는다.

● '내 안의 영웅을 깨우다' 라는 주제로 진행된 7회 가을 페스티벌 포스터

서울숲에서
여름 보내기

서울숲에서 뜨거운 여름을 나려면, 어떻게 해야 할까? 나무그늘이 있어 특별히 뭔가를 하지 않아도 선선하고, 때마침 바람까지 불어준다면 신선놀이가 따로 없다. 하지만 최근 몇 년은 서울숲에 오면 시원하기는 하지만, 서울숲까지 오는 길이 너무 더워서 못 오겠다는 사람들이 많을 정도로 폭염이 잦아졌다. 그래서인지 성수기였던 여름이 이제 비수기로 바뀌어가고 있다. 그렇다고 집에서 에어컨에 의존하며 방콕할 수는 없지 않은가? 그래서 서울숲에서 시원한 여름나기 프

가족마당을 가장 효율적으로
그리고 가장 활동적으로 사용
했던 물총놀이

로그램들을 준비하였다. 이열치열이라고 더 뜨겁게 놀면서 그늘과 바람의 소중함을 느껴보자는 것이다. 공원에서 배우고 집에서 실천할 수 있는 다양한 에너지 절약 방법도 고민하고 캠페인도 해보고 말이다. 대표적으로 2007년 8월, 한여름에 진행된 '서울숲 여름 보내기' 행사가 생각난다. 참 우여곡절이 많았던 프로그램이었다. 월드컵공원의 억새축제처럼 서울숲을 대표하는, 서울숲하면 떠오르는 소재를 가지고 축제를 만들어보고 싶다는 생각으로 꽤 오랜 기획 단계를 거치고, 전문 기획자들의 도움을 받아서 서울숲에서 가장 인기 있는 것 중의 하나인 꽃사슴을 소재로 축제를 준비했다. 나름대로, 5월과 6월에 태어나는 아기 사슴을 순치시키고, 다양한 꽃사슴 관련 프로그램도 만들어보고, 소재가 꽃사슴이지, 정작 꽃사슴에게 피해를 주면 안 되겠다 싶어 나름대로 행사 시기도 꽃사슴의 상황을 최대한 고려해서 9월 초로 '제1회 서울숲 꽃사슴 축제' 개최를 결정했었다. 그러나, 다방면으로 오랜 고민 끝에 준비했음에도, 현실적으로 어려운 문제가 많아서 실행은 되지 못했다. 그래서 급하게 주제부터 모든 콘셉트를 변경, '제1회 서울숲 꽃사슴 축제'가 '여름 보내기'가 되었다. 급하게 진행된 프로그램임에도 불구하고, 그동안의 내공과 기후변화와 숲을 통한 친환경 라이프 제안 등에 대한 오랜 고민의 결과로 여름 보내기 프로그램은 꽤 탄탄했다. 지구온난화, 도시열섬화의 심각성과 서울시 에너지 15% 절감, 친환경에너지 선언 등 당시 사회적인 흐름에 맞춰 물과 그늘을 소재로 다양한 프로그램을 만들었고, 처음이자 마지막으로 넓은 가족마당에서 물총놀이도 해봤다. 물총놀이야 말로 역대 서울숲 최고의 인기 프로그램이었던 것 같다. I'll be back의 터미네이터를 방불케 하고, '지친다'라는 단어를 무색하게 만든 에너자이저 어린이들과 이런 어린이들을 피해 도망 다니던 보기에도 안쓰러운 도망자, 대학생 자원봉사자들의 모습이 지금도 생생하다. 어찌보면 지금까지 그 어떤 프로그램들보다도 가족마당을 가장 효율적으로 그리고 활동적으로 사용했던 프로그램이 아니었나 싶다. 비록, 에너지를 절약하자는 취지의 행사에서 물을 낭비하는 친환경적이지 못한 프로그램을 했다는 쓴소리를 듣기도 했지만 말이다(인정할 수는 없지만).

It's my park day는
즐거운 노동이다

서울숲에서 최근 집중하고 있는 프로그램 중의 하나는 'It's my park day' 이다. 좋은 한글 놔두고 왜 영어일까? 한글 제목을 여러 번 고민해봤지만, 영어만큼 단어의 의미와 프로그램의 콘셉트를 잘 설명해주는 것을 찾기가 어려운 것 같다. 그래서 지금까지 줄곧 영어 제목을 쓰고 있지만 늘 시민들에게 미안한 마음이 있다. 프로그램에 신청하고도, 정확하게 "It's my park day 예약했어요"라고 말하는 시민들이 열에 한두 명 정도인 것 같다. 정말 다양한 이름들이 나온다. 그래서 또 웃기도 하지만, 늘 입에 착착 붙는 그리고 재미있는 제목을 고민하게 된다. 시민들과 함께 프로그램 한글 이름 짓기를 해봐도 좋겠다는 생각이 불현듯 스쳐간다.

'It's my park day' 는 매월 진행되는 봉사 활동과 체험 프로그램이 병행되는 하루 단위의 가족 프로그램이다. 2~3시간 정도의 숲 가꾸기 봉사 활동과 식사, 문화 프로그램으로 구성된다. 2013년 'It's my park day' 는 달력에 있는 기념일 특히 환경과 관련된 날을 찾아서 매월 다른 주제를 가지고 진행되면 어떨까 하는 생각으로 시작되었다. 또한 문화 프로그램도 서울숲에서만 할 수 있는, 서울숲의 공간을 활용한 체험이면 좋겠다고 생각했다. 그래서 탄생한 2013년 3월, 첫 번째 'It's my park day' 는 '물의 날' 을 기념한 물 상식 퀴즈와 물 사용 올림픽, 그리고 서울숲의 물길을 활용한 가족배 띄우기 프로그램들을 진행했다.

콘셉트와 타깃이 잘 맞았는지, 2013년 'It's my park day' 는 흔한 말로 대박이 났다. 매월 참여하는 가족들이 늘어나는 것은 물론, 친구네 가족들까지 꼬리에 꼬리를 물고 매회를 거듭할수록 참가자들이 늘어났다. 더불어 봉사활동 프로그램이어서인지 참가자들끼리 땀 흘리며 몸 부대끼며 정이 들어서 'It's my park day' 봉사단을 만들면 어떨까 하는 이야기가 나올 정도로 커뮤니티도 활성화되었다. 행사를 마치고 단체 사진을 찍을 때 자연스럽게 "park day"하면서 찍고, 그 어느 프로그램보다 뒷정리도 확실하다. 'It's my park day' 가 이렇게 안정적

어린이들에게는 신기한 놀이이고, 부모에게는 즐
거운 노동이고, 서울숲에게는 한 송이 꽃과 같은
'It's my park day' 프로그램. 저 밝은 가족의 표정
에 서울숲의 보물이 담겨 있는 것은 아닐까

으로 자리를 잡은 데는, 기획부터 진행에 지속적으로 참여하고 있는 대학생 봉사자(건국대학교 환경과학과)들의 도움도 크다. 'It's my park day'의 아이디어도, 그리고 프로그램 당일 현장에서도 대학생 봉사자들이 없었다면 지금의 'It's my park day'는 없었을 것이다. 물론 애정을 가지고 지속적으로 참여하는 참가자들도 마찬가지. 5세 어린이가 대학생이 될 때까지 100장의 봉사활동확인서를 받아보겠다는 목표를 가지고 누구보다 열심히 참여하는 아빠, 봉사활동은 땀도 나고 힘이 좀 들어야 만족도 크다며 계속해서 "조금 더 조금 더"를 외치는 엄마도, 놀러 왔는지 봉사활동 하러 왔는지 모르게 즐겁게 참여하는 어린이들 모두가 함께 'It's my park day'를 만들어간다.

어린이들에게 'It's my park day'는 신기한 놀이이고, 부모에게는 즐거운 노동이다. 그리고 서울숲에게 'It's my park day'는 꽃이다. 이는 프로그램에 참여했던 가족들이 'It's my park day'에 대해 표현한 문구들이다. 참가자들의 감동이 더 많은 사람들에게 전달되고 확산되어 'It's my park day'의 본고장 뉴욕처럼 서울 전역의 공원에서 'It's my park day'가 진행될 수 있기를 기대해본다.

서울숲은 보물섬이다

청소년으로 구성된 서울숲 가을 페스티벌 기획단 수업 중 서울숲 홍보 콘셉트를 정하고 잡지, 신문을 오려 홍보 포스터를 만들어보는 프로그램이 진행되었다. 포스터 중에서 몇 가지가 눈에 들어왔다. 디자인적으로 뛰어나거나 예쁜 포스터는 아니었지만 특히 '서울숲은 보물섬이다'라는 포스터가 맘에 들었다. 서울숲에 오면 시간 가는 줄 모르고, 평상시에 그냥 지나치던 것들에도 관심을 가지게 되어서 서울숲을 보물섬이라고 표현했다는 내용을 읽는 순간, 아차! 싶었다. '내가 서울숲의 진면목을 아직 모르고 있었구나'라는 생각 때문이었다.

'서울숲은 보물섬이다' 포스터와 전시물

보물섬에는 수많은 보물들이 있다. 값진 것도 있고, 흔한 것도 있겠지만 어떤 보물들이 숨어있을지 모르기에 기대하게 된다. 또 값비싼 보물 하나만 있다면 보물섬이 그렇게 매력적이진 않을 것 같다. 다양한 종류의 보물들이 있기 때문에, 영화 속 주인공들이 그 어렵고 험난한 여정에도 불구하고 보물섬을 찾아 가는 것이 아닐까?

서울숲도 마찬가지인 것 같다. 서울숲엔 수많은 보물들이 숨어있었다. 10년 동안 서울숲을 다녀간 사람들, 그곳을 지키고 있던 사람들, 눈에 보이지 않았지만 어느새 울창한 숲과 그늘을 만들어준 나무들과 함께 어울려 살아가는 곤충들과 새, 그리고 그 안에서 벌어진 수 백 개의 프로그램들까지 이 모두가 보물이었는데, 나는 이것들의 가치를 알아차리지 못했던 것 같다. 이렇게 많은 보물들이 숨어있는 최고의 보물섬이었는데 그저 내가 세워놓은 기준에 맞는 값비싼 보물을(그것이 뭔지도 모른 채) 찾는데 열중했던 것이다. 그러다 스스로 지치고, "보물섬이 뭐, 이래?"하며 포기하기도 했던 것이다.

그런데, 포스터를 보는 순간 새삼스럽게 난 이미 최고의 보물섬에 들어왔고 최고의 보물을 찾지 못했다 하더라도 실망할 필요가 없다는 것, 서울숲에는 최고의 보물을 뛰어넘을 만큼의 가치를 지닌 보물들이 너무 많다는 것을 깨달았다. 그리고 그 중의 하나를 최고의 보물로 만들면 되겠다는 생각을 했다. 그래서, 나는 오늘도 그 보물들을 찾으러 서울숲 보물섬으로 들어간다.

"서울숲에서의 기업 참여 활동은 기업 자원봉사 활동을 근간으로 꾸준한 발전을 이루었다. 이제 제법 안정적인 일감 찾기와 매뉴얼로 200명이 한꺼번에 오는 자원봉사쯤은 거뜬히 해낸다. 기업은 비영리단체인 서울숲사랑모임의 존재에 대해서도 대부분 이해하고 있어 개장 초기에 발생했던 오해도 크게 줄어들었다. 공원의 공공성과 기업의 사회공헌 마케팅 사이에서 더 소중한 가치를 위해 흔들리지 않는 원칙도 가질 수 있게 되었다. 이제껏 기업 참여 활동을 하며 익힌 경험과 시행착오를 절반의 자신감으로 기억하며, 우리가 속한 조직과 서울숲에 대한 무한 긍정과 애정이 자긍심으로 발전해 가기를 기대해본다."

손님이 아닌
서울숲의 주인

기업 참여, 그 시작과 절반의 성공

이근향 _ 예건디자인연구소 소장

시민참여 공원 서울숲에서
기업 모금 시작하기

서울숲 개장 후 가장 부각된 키워드는 '시민참여 공원 서울숲', '시민이 함께 조성하고 함께 가꾸는 서울숲'이었다. 그러나 시민들이 개장 전 기금을 모아 함께 나무를 심었다는 사실이 시민참여 공원의 완성을 의미하는 것은 아니다. 2005년 서울숲이 개장되면서 우리는 시민참여 공원을 '시의 녹지 행정 서비스를 단순히 이용하는 손님에서, 스스로 가꾸고 즐기는 주인 만들기'로 정의하고 일반 시민, 학생, 기업 단체 등 각 집단이 서울숲과 인연을 맺는 다양한 방식을 시도하였다. 때마침 복지 분야로만 집중되었던 기업의 기부 대상이 환경 분야

로도 확대되면서 서울숲에 대한 관심은 높아졌고, 자연스럽게 기업 단체의 새로운 사회공헌 활동의 장으로 자리매김할 수 있었다.

지금 돌이켜보면 서울숲 조성에 참여한 70여 개 기업과 5,000여명의 시민이란 특별한 자양분도 있었고, 사회 분위기도 무르익어 서울숲에 기업 참여를 이끌어내는 것이 크게 어려운 일이 아니었던 것 같다. 그러나 서울숲사랑모임 활동가 가운데 그 누구도 기업 참여 모금 업무를 경험해 보지 못했으며, 공원 운영을 목표로 한 모금 방법은 그 누구한테도 배울 수 없었던 여건이었기에 우리에게 너무나 어려웠던 과제였다. 지금은 모금 전문기관이 있어 비영리단체 직원들이 다양한 모금 교육을 받을 기회도 있고 전문가의 컨설팅도 받을 수 있다. 그래서 서울숲 기업 참여 모금에 관한 이야기를 절반의 성공이라 제목을 적어놓고 나니 참으로 부끄럽다. 오히려 모금 업무를 한다며 '성공적인 모금을 위한 길잡이' 같은 책 한 권 읽어보지 않고, 우리끼리 좌충우돌하고 상처받고 그래서 겪었던 시행착오 경험을 공유하는 정도로 이해해주면 좋을 것 같다.

서울숲 기업 자원봉사
생태숲 가꾸기 활동

기업의 사회공헌
자원봉사 활동

서울숲 기업 자원봉사 프로그램은 기업의 사회공헌 형태가 봉사 현장에서 직접 땀을 흘리는 현장참여형 사회공헌 활동으로 자리 잡는 시기와 맞물려 순조로운 출발을 했다. 기업 대부분이 전사적인 자원봉사 조직을 갖고 임직원이 함께 자원봉사 활동을 할 수 있는 장소와 프로그램을 찾고 있었고, 서울숲은 너무나 훌륭한 공간이었다. 더욱이 환경보호와 기후변화 대응 이슈에도 부합되는 생태숲 가꾸기 자원봉사 일감은 제법 매력적이었다.

지금 돌아보면 참 쉬운 시작이었던 것 같은데, 2005년 가을 SK에너지 기업 자원봉사를 처음 진행하던 날, 서울숲으로 향하던 무거운 발걸음을 잊을 수 없다. 바쁜 근무시간을 쪼개서 생태숲 가꾸기를 위해 찾아온 기업의 임직원들, 그들의 기억 속에 의무적인 봉사 활동이 아닌 진정 숲을 가꾼 즐거움의 땀방울로 채울 수 있게 하기 위한 고민으로 머리는 무거웠다. 그동안 책에서 배운 숲에 관한 지식을 총 동원해 멋쩍은 환영인사도 준비하고 가꿈이 자원봉사 선생님들과 일감도 체크하며 사전 연습도 했다. 다행스럽게도 서울숲이란 공간에 새로 이식되어 뿌리도 내리지 못한 나무 주변에 우드칩을 뿌리고, 아직 충분한 그늘을 만들지 못한 큰 나무 아래의 무성한 잡초들을 제거하면서 우리 마음만큼이나 기업의 임직원들도 숲을 걱정하고 흘린 땀에 기쁨을 표현해 주었다.

서울숲의 기업 자원봉사 프로그램의 출발은 이렇게 생태숲에서 흘린 땀으로 시작되었고, 꾸준한 일감 개발과 노력으로 2005년 시작된 이래 괄목할 만한 성장을 이루었다. 연간 자원봉사 프로그램에 대한 상세한 계획부터 서울숲 나무 보약 주기, 서울숲 벤치 칠하기 등 새로운 일감 개발과 가꿈이 자원봉사 선생님들의 헌신적인 노력으로 개장 후 1년 반 만에 서울숲이 기업의 환경 분야 사회공헌의 메카로 각광을 받은 것이다. 그리고 한번 자원봉사를 다녀간 후 지속적으로 참여하는 기업이 기업회원에 가입하여 서울숲 운영에 재정적인 지원도 함께 하고 있다.

서울숲 최초의 기업 모금 프로젝트
'숲속 작은 도서관'

2006년 '책 읽는 공원 서울숲' 캠페인은 서울숲에 새로운 공원 문화를 접목한 유쾌한 시도였다. 방문자센터 내 10평 규모의 자원봉사실을 개조하여 숲속 작은 도서관을 만들고 책수레를 만들어 주말이면 공원을 돌며 35만평 서울숲을 거대한 야외도서관으로 만들어 보자는 기발한 아이디어였다. 책에 관심이 많았던 아주그룹에서 흔쾌히 도서관과 책수레를 만드는데 후원을 해주었으며, 도서관을 오픈한 2006년 이후에도 지속적으로 도서관 운영 관련 프로그램을 지원해 주었다.

당시 준공한 지 1년도 안된 공간을 리노베이션 한다는 생각에 시 담당자들은 불편해 했고 전기공사 등 문제 발생에 대해 몹시 걱정을 했다. 우리는 무엇보다

숲속 작은 도서관 실내
전경(2006년)

도 도서관에 대한 설계 아이디어가 큰 고민거리여서, 실내 인테리어 업체, 공공
미술 전문업체, 그리고 한양대 주생활학과 4학년 학생 등 여러 곳에 설계를 의뢰
했다. 제안서를 받아본 결과 졸업작품 프로젝트로 제출한 한양대 학생들의 제안
이 단연 돋보였다. 세 가지 패널을 들고 당시 푸른도시국 공원조성과 과장이셨
던 최광빈 국장님(푸른도시국 국장 역임)의 의견을 들으러 갔을 때 바로 학생들 작품
을 채택해 주서서 일은 일사천리로 돌아갔다. 개장 1주년 행사와 맞물려 빠른 속
도로 진행된 프로젝트이지만 아이디어 도출과 기업의 기금 모금, 공사 실행과
운영에 이르기까지 우리도 인식하지 못하는 사이에 서울숲 자산의 가치를 증진
하는, 우리 방식의 캐피털 프로젝트Capital Project를 시행해 본 것이다. 이후 풀무원
의 후원으로 설치한 수유방과 한국스탠다드차타드은행의 향기정원도 공간 개
선을 위한 기업 모금의 예이다.

기업 모금 활동의
좌충우돌 시행착오 이야기

서울숲 공원 운영 관리를 위한 기업 모금은 지속적 자원봉사 혹은 1회성 프로그램 참여를 통한 후원, 공간 재생 프로젝트 모금, 그리고 100평 숲 입양 같은 기업 회원 모집을 통해 이루어진다. 그러나 기업은 새롭게 조성하는 공간에, 인증물 설치를 전제로 하는 후원 방식엔 관심이 있는 반면 서울숲 공원 운영 관리를 위한 후원에는 관심이 없다.

기업 후원 모금의 또 다른 걸림돌은 공원 관리의 확실한 권한을 부여받지 못한 우리의 위상이었다. 근본적으로 시 담당자는 공공의 영역인 공원에서 기부금을 모금하는 것을 수용하려 들지 않았기에 우리의 모금 업무에 늘 부정적이었고, 우리도 시의 동의나 협의 없이 현수막도 걸 수 없는 현실이었기에 모금 업무에 늘 소극적일 수밖에 없었다. 그러나 기업 후원금 모금의 가장 큰 걸림돌은 기업도, 서울시도, 시민 그 누구도 우리의 일을 응원해주지 않는다는 생각에서 나온 자신감 부족이었다. 또한 우리들이 계획한 사업의 성과에 전념하지 못한 채 담당자들은 운영 재원 확보를 위해 제안서를 꾸미고 모금 사업 하느라 에너지를 분산할 수밖에 없는 현실이었다.

서울숲에서 기업 후원과 모금 업무를 진행하면서 가장 많이 받았던 질문은 '공공의 서비스 영역인 공원에서 서울시는 뭐하고 후원금이 필요한가?' 였다. 행정의 고유 업무를 시민들이 분담하는 것 자체에 대한 이해가 없는 상황에서는 충분히 나올 법한 질문이다. 그들은 또한 공익단체가 후원금을 받아서 무엇에 쓰는지, 귀한 시간을 내서 자원봉사를 하는데 후원금은 왜 필요한지도 질문을 하였다. 심지어 기업이 자원봉사를 하겠다는데 참가비를 요구했다고 준정부기관의 직원으로부터 민원까지 받은 적이 있다. 그는 전화로 먼저 기업 자원봉사 프로그램 안내를 받은 뒤 다시 우리 사무실로 찾아와 구체적인 협의를 마쳤다. 그리고 바로 위층

관리사무소의 공무원을 만나고 돌아가선 부당 기부금을 요구하는 서울숲사랑모임과 공원을 관리해야하는 업무를 방기했다는 이유로 관리사무소 직원을 대상으로 민원을 제기하였다. 국내 대표적인 대기업의 한 본부는 여러 차례 자원봉사 프로그램에 참여하면서 우리 직원들과 친하게 지내다가 후원금 안내를 받은 뒤 노골적으로 화를 냈다. 자기네가 기업회비를 내는 다른 기업의 기회를 뺏은 것 같다며 다시는 서울숲에 오지 않겠다며 돌아갔다. 또 다른 대기업의 사회공헌 담당자는 벤치 칠하기 자원봉사 제안서 예산 내역의 일반관리비를 이해할 수 없다며 업체 다루듯 항의를 했다. 그날 밤 메일을 여러 번 쓰고 다시 고쳐 쓰며 망설이다가 다음날 아침 완곡한 표현으로 프로그램을 진행할 수 없다는 메일을 보냈다.

이런 일을 경험할 때마다 자괴감에 빠졌지만 솔직히 시민 참여 모금에 대해 너무 어설프고 부족한 점이 많았음을 시인한다. 기껏 센트럴파크 같은 해외공원의 모금 프로그램을 벤치마킹했을 뿐이지 성공적인 모금을 위해 필수적으로 갖추어야 할 것들, 이를 테면 명확한 모금 명분, 현실적인 예산편성에 대한 설명 등 미비한 것이 많았다. 특히 우리가 하고자 하는 일에 기업이 동참하도록 설득하는 힘은커녕 우리 스스로에 대한 자긍심도 갖추지 못한 것이 문제였다. 행정으로부터 운영에 관한 재정 지원을 받지 않는 시민단체로서 기부금을 받고 참여를 유도하는 것이 당연한데 솔직하고 자신감 있는 태도로 접근하지 못한 이유는 무엇이었을까?
　모금은 단순한 돈의 문제가 아님을 이제는 안다. 기부금을 내는 것은 시민들의 입장에서 관심이며 적극적인 참여의 수단이다. 서울숲 개장시 서울숲 안내지도를 기부금을 받고 배포한 적이 있다. 곧 행정의 반대로 무산되고 서울시 예산으로 무제한 공급하는 지도로 바뀌었지만, 100원의 기부금은 쓰레기통에 절대 버려지지 않는 서울숲 안내지도가 되는 방법을 가르쳐줬다. 만원의 회원 기부금은 서울숲에서 일어나는 그 어떤 일에도 관심을 기울이며 소리 없는 응원을 보내주고 있음을 느끼게 해준다. 그리고 기업의 기부금은 해당 프로젝트를 함께 끝까지 완수할 수 있도록 지원하는 채찍이자 당근의 역할로도 꼭 필요한 것이다.

기업 모금 활동의
새로운 가능성

2007년 센트럴파크 방문 시 대형 안내판이 눈에 들어왔다. 1970년대의 황폐한 대형 잔디밭Great Lawn의 모습과 완벽하게 복원된 현재의 모습을 비교한 두 개의 안내판이 나란히 서 있었다. 그리고 Restored 1997 "What would we do without your donations?"이란 문구와 함께 컨서번시 로고가 크게 붙어 있었다. 공원 곳곳에는 이렇게 진행된 복구 프로젝트의 전과 후를 비교하는 안내판이 있어 컨서번시의 역할과 위상을 정확히 알려주고 있었다.

컨서번시는 1980년대 설립되어 센트럴파크의 복원과 관리에 있어서 유례없는 능력을 증명해 보였다. 그리고 이제까지 4억7천만 달러의 민간 기금을 모금하여

센트럴파크 곳곳에
설치된 공익 모금 대
형 안내판 (2007)

재정 지원 역할에 있어서도 최고의 역할을 수행하고 있다. 이는 센트럴파크의 재생과 복구에 대한 뚜렷한 명분을 가지고 있었기에 가능한 일이었으며 센트럴파크 컨서번시에 대한 신뢰를 바탕으로 잘 관리되고 보전되는 공원의 가치 증진에 대한 수많은 기부자들의 응원의 결과이다.

이제 서울숲은 곧 개장 10년을 준비해야 하고 이는 공원 리노베이션이 필요한 시점이 도래함을 의미한다. 또한 시설 노후화와 함께 시민들의 이용 수요에 따른 새로운 공간 변화도 예상된다. 그래서 서울숲에서의 프로그램 참여 위주의 기업 후원 방식이 공간 재생 및 리노베이션 등 새로운 참여 방식으로 확장될 가능성이 크다. 또한 서울숲 주변의 개발 압력이 오히려 기회 요소로 작용해 시민 참여 기금 모금의 새로운 장을 열 수도 있다. 그러나 이러한 상황의 변화가 기금 모금에 관한 내부의 역량 증진과 자긍심의 발현으로 이어질지는 확신이 서지 않는다.

그동안 서울숲에서 기업 참여 활동은 기업 자원봉사 활동을 근간으로 꾸준한 발전을 이루었다. 이제 제법 안정적인 일감 찾기와 매뉴얼로 200명이 한꺼번에 오는 자원봉사쯤은 거뜬히 해낸다. 기업은 비영리단체인 서울숲사랑모임의 존재에 대해서도 대부분 이해하고 있어 개장 초기에 발생했던 오해도 크게 줄어들었다. 공원의 공공성과 기업의 사회공헌 마케팅 사이에서 더 소중한 가치를 위해 흔들리지 않는 원칙도 가질 수 있게 되었다. 그래서 이 글의 제목처럼 서울숲의 기업참여는 이제껏 익힌 경험과 시행착오를 절반의 자신감으로 기억하고, 우리가 속한 조직과 서울숲에 대한 무한 긍정과 애정이 자긍심으로 발전해 가기를 기대해본다.

2장

🌿 우리동네숲

"석관동의 우리동네숲, 처음 그 곳을 방문했을 때 흥분을 감추지 못했다. 어떻게 마을 한가운데 이렇게 기다란 공터가 생겨날 수 있을까?나중에 깨달은 점이지만, 도시는 정말 살아있는 생명체와 같아서, 끊임없이 꿈틀거리고 그 꿈틀거림으로 생겨나는 작은 땅들이 우리를 기다리고 있었다. 이 땅은 구청에서 골목의 집을 매입한 후 소방도로를 만들고 남은 공간이었다. 처음 이곳을 찾았을 때, 쓰레기가 곳곳에 방치되어 있었고 주민들은 땅의 일부에 불법 경작을 하고 있었다. 또 미화원들의 휴게공간으로 쓰이는 컨테이너가 놓여 있었고, 비교적 큰 공간에 연이어 작은 자투리 공간이 딸려 있어서 공간 이용이 애매한 느낌이었다."

공동체에
눈을 뜨다

우리동네숲 운동의 시작과
26개 동네숲 만들기의 과정

석관동에서 개화동까지

서울그린트러스트가 우리동네숲 사업을 하게 된 것은 정말 행운이었다. 어쩌면 필연이었는지도 모르겠다. 사실 우리동네숲 사업을 구상하게 된 것은 서울숲에서 어려움을 겪기 시작하면서, 그린트러스트 운동의 새로운 대안을 찾기 위해서였다. 한편으로는 늘 색다른 뭔가를 찾는 나의 성격에 기인한 것이기도 하고, 서울시 조경과와 파트너십 예산을 풀기 위한 돌파구가 필요하기도 했다.

아무튼 이런 복합적인 이유를 가지고 우리동네숲 사업이 2007년도에 시작되었다. 2012년까지 총 26개의 우리동네숲을 만들었는데, 그동안 최향란, 이주연, 윤유미, 허정남, 이우향, 신근혜까지 여러 활동가들이 이 업무를 거쳐 갔고, 이우향 코디의 시대에 황금기를 맞이했었다. 이우향이라는 한 헌신적인 활동가에 의해서 큰 성과를 얻어낸 것으로 볼 수 있지만, 한편으로는 우리동네숲 운동의 한계를 극복하기 위한 몸부림 속에서 나온 결과이기도 하다. 상근활동가 외에도 많은 설계가와 시공사가 도움을 주었다. 오브제플랜의 문현주 소장, 서울시립대 김아연 교수, 동국대 오충현 교수, 서울여대 이은희 교수, 숭실대 서귀숙 교수, 서울대 조경진 교수 그리고 정욱주 교수와 대학원생들이 우리동네숲 설계에 재능을 나누어주었다. 그 중에서도 가장 맹활약을 한 사람은 김아연 교수이다. 2007년 정말 조그마한 동네숲 3곳을 설계해주었는데, 그 이후에도 매년 한 곳씩 김아연 교수와 그 스튜디오에서 작업을 해주었다. 시공사는 오브제플랜, 장원조경, 온유조경, 푸른세상 등이 참여했는데, 나중에는 1년에 한 곳 정도만 추진하게 되어, 일의 성격상 여러 시공사와 두루 일하지는 못하였고, 푸른세상과 지속적인 인연을 맺어왔다. 푸른세상 정병현 사장의 성실함과 공동체에 대한 애정이 관계를 지속하게 된 이유가 아니었나 생각해본다.

석관동 우리동네숲
조성 전과 후

우리동네숲 1호,
석관동 동네숲

석관동의 동네숲, 처음 그 곳을 방문했을 때 흥분을 감추지 못했다. 어떻게 마을 한가운데 이렇게 기다란 공터가 생겨날 수 있을까? 나중에 깨달은 점이지만, 도시는 정말 살아있는 생명체와 같아서, 끊임없이 꿈틀거리고 그 꿈틀거림으로 생겨나는 작은 땅들이 우리를 기다리고 있었다. 이 땅은 구청에서 골목의 집을 매입한 후 소방도로를 만들고 남은 공간이었다. 처음 이곳을 찾았을 때, 쓰레기가 곳곳에 방치되어 있었고 주민들은 땅의 일부에 불법 경작을 하고 있었다. 또 지역 미화원들의 휴게공간으로 쓰이는 컨테이너가 놓여 있었고, 비교적 큰 공간에 연이어 작은 자투리 공간이 2~3개 딸려 있어서 공간 이용이 애매한 느낌이었다. 주민들의 의견은 크게 두 가지로 갈라졌다. 골목의 첫 번째 블록의 주민들은 공원을 만들자는 의견이었고, 다음 블록부터는 주차장을 만들자는 의견이 지배적이었다. 당연지사, 인접한 지역은 주차장이 있으면 불편하고, 주차장이 절대적으로 부족한 단독주택 마을에서 내 집 앞이 아니니 주차장을 원했던 것이다. 우리는 저녁 7시에 주민설명회를 하기로 하고, 스크린과 빔 프로젝터를 준비해서 영화 상영을 시작했다. 그 유명한 '나무를 심는 사람들'. 대상지와 바로 이웃한 어린이놀이터에서 상영한 '나무를 심는 사람들'은 지금껏 내가 본 영화 중에서 정말 손꼽히는 감동을 전해주었다. 여러 차례의 주민 대표와의 회의와 두 번의 주민설명회를 거쳐, 드디어 첫 번째 동네숲이 착공되었다. 성북구청장, 서울시 푸른도시국장, 성북구 시의원, 구의원들이 납시었다. 많은 주민들이 함께 나무를 심었고, 대상지에 이웃한 교회에서 음료를 내놓고, 열심히 참여한 주민들을 동네숲지킴이로 임명하기도 하였다. 서울그린트러스트가 처음으로 지역 공동체를 만난 날이었다. 디자인은 매우 간결하였다. 오브제플랜의 문현주 소장의 성격이 잘 드러난 디자인이었는데, 단풍나무길이 매우 인상적이다. 사실 동네숲 사이트로 석관동만한 장소는 이후로도 다시는 나타나지 않았다고 해도 무방할

석관동 우리동네숲 나무
심기 행사

만큼 동네 한가운데, 골목길을 따라 커뮤니티 공간이 될 수 있는 안성맞춤의 자리였다. 늘 지역사회의 관심을 받을 수밖에 없는 공간, 그래서 2011년 우리는 이곳을 다시 찾게 된다.

첫 해에 조성된
6개의 동네숲

사업의 첫 해였던 2007년에는 석관동만 진행한 것이 아니라 한 해에 총 6개의 동네숲을 조성하였다. 두 번째로 진행한 곳은 강서구 개화산 자락에 자리 잡은 아름다운 동네 개화동이었다. 개화동 동네숲은 규모가 커서 이후 두 차례에 걸쳐 더 진행이 되었는데, 그린트러스트 사무실과 너무 떨어져 있어 자주 방문하지 못한 아쉬움이 남는다. 독립된 단독주택 마을이어서 동네숲 사업에 매우 적합한 지역이었고 주민들의 의지도 높은 곳이었지만, 집중적인 지원이 어려운 대상지였다.

석관동과 개화동 2개소는 500~1000㎡ 규모로 유한킴벌리에서 후원하였으며, 나머지 4개소는 모두 50~200㎡ 사이의 작은 규모로 아레나 코리아ARENA Korea와 게스GUESS에서 지원하여 추진하였다. 아레나 코리아는 매년 그 해의 한국 사회를 이끈 대표적인 남성들을 시상하고, 그 시상금의 일부를 기부해준 매우 독특한 사례이다.

대치동은 26개 동네숲 중에서 유일하게 강남구에 위치하고 있으며, 과거 게이트볼장을 정원으로 재생한 사례이다. 조성할 당시, 이 공간이 잘 유지될 수 있을지 걱정이 많았는데, 실제로 몇 년 후 주민들의 요구로 정원의 일부에 운동기구가 설치되었으며, 인접한 국유지가 매각되어 개발이 진행되면서 오래된 느티나무들이 사라질 위기에 처해있다. 미아동은 골목 입구 양쪽에 위치한 작은 자투리땅으로 공간은 크지 않지만 정자나무와 같은 상징적 의미를 가진 곳이다. 골목 입구에서 마을잔치를 연 사진은 마치 과거 시골마을 환갑잔치 사진과 너무 흡사해 착각을 일으키

미아동 우리동네숲의
마을잔치

곤 한다. 홍은2동의 동네숲은 아파트 개발 후 남은 자투리땅에 자물쇠까지 채워져 이용이 되지 않았던 곳이고, 제기2동은 지역 정치인과 주민들의 민원으로 진행이 너무 힘들었던 대상지였다. 돌이켜보면 홍은2동과 제기2동은 성과와 실적을 생각하지 않았다면 추진하지 말았어야 했다.

서울시가 지속적으로 자투리 녹화를 시도해 왔지만, 항상 사후관리가 문제였다. 우리동네숲은 주민들에 의한 지속적인 관리를 목표로 하였고, 사회적 기업을 만들어 관리를 지원할 계획도 가지고 있었다. 2007년도에는 신구대학 환경조경과와 함께 '푸르닝PRUNING' 이라고 하는 창업동아리를 만들어 운영하기도 하였다. 결과적으로 2011년도에 창업한 사회적 기업 '그린플러스GREEN PLUS'를 만드는 계기가 되었다.

그린씨티 캠페인과 함께
조성된 동네숲

2008년도에도 우리동네숲 사업은 5개소를 더 조성하였다. 그 중 하나는 개화동 우리동네숲을 확장하는 것이었고, 광장동, 명일동, 쌍문동, 휘경동에 각각 우리동네숲을 조성하였다. 유한킴벌리의 지원은 계속되었고, 2008년에는 새로운 후원자가 나타났다. 한국씨티은행이 종이우편물을 이메일로 대신하는 캠페인을 시작하면서 발생하는 절감액을 다시 나무를 심는데 기부하는 '그린씨티' 캠페인을 통해 우리동네숲에 지원 한 것이다. 2007년 한꺼번에 많은 대상지에서 어렵게 진행해왔던 우리동네숲 사업에 우리 사회가 따뜻한 햇살을 비추며 '고생했다' 고 칭찬해주는 것만 같았다.

한국씨티은행과 협력 사업을 진행하면서 물질적인 성과 이외에도 많은 교훈과 경험을 얻게 된다. 사업제안서는 재정적으로 보다 명쾌하게 정리되었고,

그린씨티 캠페인과
함께 진행된 광장동
의 우리동네숲 만들
기 행사 기념 사진

한국씨티은행의 기금
전달식

임직원의 자원봉사를 통한 기업 내부의 호응과 평판도 중요하다는 것을 깨닫게 되었다. 기업의 사회공헌 활동은 대외적으로 기업의 평판을 좋게 하는 의미도 있지만, 동시에 내부 임직원들이 기업에 대한 자긍심을 갖게 하는 효과도 크다. 따라서 기업과의 협력적 사회공헌 사업을 성공적으로 추진하기 위해서는, 어떤 핵심 가치를 사회와 커뮤니케이션 할 것인가를 먼저 고려해야 하고, 그 다음 어떻게 하면 기업 임직원의 만족도를 높일 것인가 고민해야 한다.

광장동은 아차산을 오르는 길이기도 하고, 인근 초등학교 아이들의 통학로이기도 하다. 아파트를 개발하면서 담장을 따라 일반적인 인도보다 폭이 넓은 인도가 만들어져서, 이곳의 일부를 숲길로 조성하여 아이들이 등굣길에 숲속을 걷는 듯한 느낌이 들도록 하였다.

  광장동의 동네숲을 만들 때 기억에 남는 에피소드가 하나 있는데, 조성을 다 끝내고 나서 서울시와 정산*하는 과정에서 일어난 일이다. 당시 서울시 담당자는 현장을 방문해서 나무와 초화류 하나하나를 점검하였다. 그러나 이미 초화류의 일부는 주민들이 뽑아가거나 훼손된 것들이 많았다. 결국 계획된 수량보다 식재되어 있는 초화류들이 적어 일부 금액을 인정받지 못하는 사태가 벌어졌다. 이미 설계사 및 시공사와 정산이 진행되는 과정에서 발생한 일이라, 결국 별도로 예산을 처리해야만 했다. 시민참여 혹은 주민참여 사업이 나무와 풀의 숫자로 평가절하되는 순간이었다. 그 과정에서 많은 사람들이 상처받고, 회의를 느끼지 않을 수 없었다.

  명일동은 산림청의 국유지를 활용한 사례이다. 산림청은 과거 도심의 비싼 땅을 팔아, 농산촌의 저렴한 토지를 매입하여 국유림을 확보하는 정책을 써서, 서울과 같은 대도시에 명일동 동네숲 대상지와 같은 평지가 거의 남아있지 않았

---

* 우리동네숲 사업은 서울시와 매칭펀드로 진행된다.

다. 그런데 이곳은 마을의 입구에 위치해있고, 길 건너에는 강동구청에서 공공 시설을 개발하고 있어, 동네숲으로 안성맞춤인 곳이었다. 하지만 항상 그렇듯이 인접한 주택과 상가 주민들의 생각과 나머지 마을 구성원들과의 이해가 맞지 않아 설계에 난항을 겪기도 하였다. 가장 아쉬운 것은 길 건너 개발 중인 공공시설과 공간 계획을 통합하지 못했다는 점이다. 우리도 회계연도에 쫓기다 보니, 장기적으로 사업을 진행할 수 없는 상황이었고 이미 구청에서는 설계를 마치고 공사에 착공하고 있었기에 협의가 불가능하였다. 이곳에서 우리는 김아연 교수 팀과 함께 레일로 움직이는 벤치와 호박돌에 아이들의 그림을 그려 공간 요소로 도입하는 재미있는 디자인을 시도하였다.

아홉 번째 동네숲은 쌍둥이 감나무의 전설이라고 불리는 쌍문동의 동네숲이다. 숭실대 건축학과 서귀숙 교수님이 학생들과 함께 설계한 곳으로, 무엇보다도 서귀숙 교수 팀의 기록 정신이 돋보이는 사업이었다. 주민설명회부터 사후관리까지 전 과정을 세세하게 기록한 사례에 힘입어서 나중에 우리는 우리동네숲 스토리북을 만드는 영감을 얻게 되었다. 쌍둥이 감나무라는 별칭은, 열심히 참여하였던 앞집 아주머니의 집에 길가까지 뻗어있던 큰 감나무가 있는 점에 착안해, 동네숲에도 버금가는 감나무를 심어서 명소로 만들자는 아이디어에서 시작되었다.

쌍문동에서는 건축과 교수가 활약을 한 반면, 휘경동에서는 서울여대 원예학과의 이은희 교수가 일종의 커뮤니티 가든을 시도하였다. 이곳은 국철이 지나는 철도 바로 옆 부지로 마을의 작은 미장원 뒷문과 연결된 땅이었다. 주민들이 텃밭으로 이용하던 공간이어서 유실수와 텃밭의 일부를 살려 아담한 정원으로 설계하였다. 아마, 이때부터 우리들의 도시농업에 대한 고민이 깊어지게 되지 않았을까 싶다. 나무를 심는 일, 정원을 만드는 일에 모든 시민들이 즐거워하고 감사해 하지만, 누구도 선뜻 나서서 적극적으로 참여하지 않는다. 심고 나면 그만이다. 도대체 시민과 주민들의 지속적인 관심을 이끌어낼 수 있는 방법이 무엇일까?

"송파솔이텃밭은 우리에게 도시농업 전문 사회적 기업을 꿈꾸게 하였다. 지금은 도시농업과 관련된 물류의 유통과 소규모 농장 시공 기업으로 활동하고 있지만, 당시에는 지역 도시농업지원센터 역할을 자임하였다. 여전히 나는 이런 시스템이 도시농업 활성화에 기여할 것이라고 본다. 지역에 일정 규모의 공동체 텃밭을 기반으로 하는 공간이 있고, 이곳에서 다양한 도시농부들이 육성되고, 학교와 마을에 텃밭을 지원하는 시스템은 지역 기반 도시농업의 미래이다. 이곳에 일자리가 있고 공공서비스와 민간의 도시농업 시장이 적절히 결합된 사회적 기업의 미래가 있다고 믿는다. 그 꿈은 아직 포기하지 않았고, 여전히 유효하다."

도시농업과
만나다

동네숲에서 커뮤니티 가든으로의 변화
그리고 생활녹화경진대회

상자텃밭과 송파솔이텃밭,
도시농업의 미래를 그려보다

우리가 해왔던 우리동네숲 대상지의 방치된 땅들은 대치동을 제외하고는 모두 텃밭이 있었다. 우리는 이때까지 이 텃밭을 불법 경작이라 불러왔다. 우리만 그랬던 것이 아니라, 그 당시만 하더라도 지자체 공무원의 업무 중 하나가 도시숲, 즉 도시자연공원에서 불법 경작을 하는 주민들을 쫓아내고 나무 심기를 반복하는 일이었다.

이때 만난 사람들이 전국귀농운동본부의 텃밭보급소 활동가들이었다. 이들은 2007년부터 토지공사의 초록사회기금으로 상자텃밭을 보급하고 있었다. 도

유기농업 전문업체인 흙살림의 도움으로 플라스틱 상자에서 주머니로 변경된 상자텃밭

푸른 마을 상자텃밭 가꾸기

시농업 운동이 싹튼 시기이다. 도시농업 운동가들을 만나면서 주민참여 우리 동네숲 사업은 급선회를 하기 시작한다. 위원회의 명칭도 우리동네숲·정원위 원회로 변경하게 되었다. 텃밭보급소는 상자텃밭이 결국 쓰레기를 만들게 되고 수혜적인 도시농업의 한계를 극복하지 못한다고 해서, 사업을 접게 된다. 반면 그린트러스트는 상자텃밭을 오히려 도시녹화에 활용하기로 결정하고, 후 원자를 찾게 되었다. 상자텃밭은 특히 당시 10만 녹색 지붕 사업으로 탄력을 받고 있던 옥상녹화 사업의 대안으로 여겨졌다. 시정부가 지원하는 옥상녹화 사업은 건물 안전도에 대한 평가부터 일정 규모 이상의 옥상에 대해서만 지원 하였기에 매우 제한적이었다. 그러나 상자텃밭은 의지가 있는 사람이면 누구 나 손쉽게 옥상녹화에 도입할 수 있었다. 그리고 무엇보다도 집주인 혹은 거주 자의 자발적인 노력에 의해 녹화가 이루어진다는 점이 매력적이었다. 마침 신 한금융의 사회공헌팀과 소통이 되어, 3년 연속 신한금융 자원봉사 대축제 사업 의 일환으로 상자텃밭을 보급하게 되었다. 그 과정에서 유기농업 전문단체인 흙살림을 알게 되고, 흙살림을 통해서 플라스틱 상자를 주머니로 교체하여 폐 기물을 줄일 수 있게 되었다.

상자텃밭 보급 사업은 처음에는 도시 녹화를 중심으로 전개되었다가, 2차년 도에는 노인들의 소일거리와 복지기관을 중심으로 보급되었다. 3차년도에는 더욱 발전되어 도시 공동체를 중심으로 지원하게 되었다.

상자텃밭의 한계를 뛰어넘어, 지역에 도시농업지원센터 만들기를 꿈꾸던 우리 는 송파구 방이동에 있는 아담한 텃밭을 발견하였다. 송파구 환경과에서 도시 농업을 지역에서 풀어보고자 먼저 제안했다. 방이동에는 방이동습지생태공원 이 있고, 아직도 드넓은 논이 남아있는 곳이다. 그린벨트 운동을 하면서 '도시 농업공원' 대상지로 눈여겨 봐뒀던 곳인데, 꿈꾸는 사람이 결국 일을 내나보다. 2009년 봄, 송파구의 도움으로 땅을 빌리고(3,368㎡) 복토를 하고 농사지을 준비 를 하였다. 그러나 이 땅은 겉으로는 멀쩡하지만, 토지주가 불법적으로 쓰레기

제4회 생활녹화경진
대회에서 화합상을
수상한 이화마루

를 매립한 곳이었다. 다행히 대부분의 땅은 오랫동안 주민들이 경작을 해서 그런
지 큰 문제가 없었고, 일부 땅에서 폐기물이 나왔다. 충분히 복토를 하였지만, 두
고두고 마음이 찜찜한 곳이었다. 나무를 심든 텃밭을 일구든 땅을 살리는 일이
모든 일에 우선되어야 한다. 처음에는 150구획을 분양하였고, 이듬해에는 이웃
한 땅을 더 빌려서 계속 확장하였다. 텃밭만 일굴게 아니라 외국의 커뮤니티 가
든처럼 사면에 꽃과 유실수를 심고 가꾸기도 하였다. 2년차에 과감하게 송파도
시농업지원센터도 만들어 주민들에게 상자텃밭을 지원하고 학교텃밭 지원사업
도 벌였다. 3년차 들어서 송파구 담당이 바뀌고, 구청장이 새롭게 오면서 관심이
줄어들고 시들해지고 말았다. 이대로 가서는 지속가능한 구조를 만들 수 없다는
판단 하에, 우리는 3년간을 끝으로 송파솔이텃밭의 운영을 포기하게 되었다.

솔이텃밭은 우리에게 도시농업 전문 사회적 기업을 꿈꾸게 하였다. 지금은 도시농업과 관련된 물류의 유통과 소규모 농장 시공 전문 기업으로 활동하고 있지만, 당시에는 지역 도시농업지원센터 역할을 자임하였다. 여전히 나는 이런 시스템이 도시농업 활성화에 기여할 것이라고 본다. 지역에 일정 규모의 공동체 텃밭을 기반으로 하는 공간이 있고, 이곳에서 다양한 도시농부들이 육성되고, 학교와 마을에 텃밭을 지원하는 시스템은 지역 기반 도시농업의 미래이다. 이곳에 일자리가 있고 공공서비스와 민간의 도시농업 시장이 적절히 결합된 사회적 기업의 미래가 있다고 믿는다. 그 꿈은 아직 포기하지 않았고, 여전히 사회적 기업 그린플러스를 통해서 유효하다. 그리고 이미 많은 자치구에서 이런 방안이 민간단체에 의해, 구청에 의해 추진되고 있다. 조만간 이 아이디어가 활짝 꽃을 피울 수 있을 것이다.

생활녹화경진대회,
커뮤니티 가든의 모델을 발견하다

상자텃밭을 통해 얻은 도시농업의 지혜는 2009년 개최된 제1회 생활녹화* 경진대회를 통해 커뮤니티 가든으로 발전하게 된다. 생활녹화경진대회는 우리가 지원했던 도시농업 사업의 참여자들을 격려하는 경진대회의 의미도 있었지만, 대상자를 국한하지 않고 서울시민들의 모든 자발적인 도시녹화를 포함하였다. 그 결과 자발적인 도시녹화, 도시농업 모임들을 다수 찾을 수 있었다.

2010년 생활녹화경진대회 대상은 3대가 함께 옥상텃밭을 가꾼 서진이네 가족텃밭에게 돌아갔다. 서진이네 가족텃밭 이야기를 들어보자.

---

* 숲과 정원, 텃밭을 통합하여 일상생활 속에서 하는 녹화 운동이라는 의미로 '생활녹화'라는 신조어를 사용하였다. 그러나 녹화라는 단어의 부정적 이미지로 광범위하게 활용되지는 못하였다.

"서울 화곡동에 사는 서진이 할머니 이한자(여, 65세) 씨는 10여 년 전부터 어머니(82세)의 지도와 서진이 엄마의 도움으로 40여 평의 옥상에 상자텃밭을 일구어 친환경 재배법으로 상추, 배추 등 채소뿐만 아니라 소나무, 치자나무, 매실나무 등을 비롯한 여러 종류의 나무도 가꾸고 있다. 서진이네 옥상의 싱싱한 배추 잎에는 벌레 구멍이 하나도 없다. 이한자 씨의 설명에 의하면 "벌레와 진딧물이 생기기는 하지만, 팔십이 넘은 어머님을 비롯하여 집안 식구들이 운동 삼아 올라와 벌레 한 마리 한 마리씩 잡아준다"는 것이다. 10여 년 전에 3층 건물 옥상에 화분 한두 개로 시작한 옥상텃밭은 현재 50여 개의 상자텃밭을 분양 받아 옥상텃밭으로 일구고 있다. 올 봄에 이 상자텃밭에 고추, 가지, 상추, 케일, 토마토, 오이, 단호박 등을 심어 가꾸었고 가을에는 김장용 배추 60포기와 쪽파와 대파까지 기르고 있다."

이 행사의 또 다른 스포트라이트는 '이웃랄랄라'였다. 이미 언론을 통해 소개되었던 '이웃랄랄라'는 햇반이 싫어서 모인 청년들의 도시농업 공동체이다. 처음 온라인에서 만난 이들은 성미산에서 밤새 흙을 퍼다가 공동의 옥상텃밭을 일구고 신나는 도시 공동체를 만들었다.

서울그린트러스트에서 지원한 공동체 텃밭과 자발적인 공동체 텃밭이 경진대회에 신청하면서, 우리는 서울형 커뮤니티 가든의 모델을 발견하게 된다. 2011년 제3회 생활녹화경진대회에서는 60여 팀의 경쟁을 뚫고 최종적으로 천호동 장미마을과 문래도시텃밭이 대상을 놓고 경쟁하였고, 철공소 마을에 새로운 활력을 불어넣은 문래도시텃밭이 대상으로 선정되었다. 당시 언론에 보도된 내용을 살펴보자.

제3회 생활녹화경진
대회에서 대상을 수
상한 문래도시텃밭

제4회 대회에서 대상을
수상한 암탉 우는 마을

"문래도시텃밭 공동체는 쇠를 두드리고 철근을 자르는 소리로 삭막하기 그지없던 문래동 철공소 골목에 입주한 예술가들이 철공소 사장님들과 지역주민들을 설득해 함께 텃밭을 가꾸고 벽화도 그려 활력이 넘치는 곳으로 바꿔 큰 공감을 얻었다. 문래동 철공소 골목에 입주한 예술가들의 지역주민과 소통하고자 하는 꿈을 여성환경연대가 서울그린트러스트, 마리끌레르, 아비노 등의 후원자들을 연결시켰고 이렇게 의기투합한 사람들이 흙을 나르고 텃밭을 가꾸며 삭막한 문래동 철공소 거리 사람들의 일상을 크게 바꾸어 놓았다." - 출처: 뉴스와이어

2012년 제3회 대회에서는 금천의 암탉 우는 마을이 대상의 영예를 안았다. 서울시립대에서 개최된 제3회 대회는 직능단체의 집단적인 참여로 참가인원으로는 대성황을 이루었지만, 지나친 경쟁의식으로 아쉬움이 남는다. 반대로, 자연보호협의회나 새마을부녀회 등이 생활녹화 운동에 어떻게 결합할 것인가를 숙제로 남겨주었다.

"금천구 시흥5동 소재 '암탉 우는 마을'은 꼬불거리는 골목길을 마을 여성들의 섬세한 손길로 취약 계층 및 노인들과 함께 텃밭을 가꾸고 벽화도 그리고, 배수로를 만드는 등 활력이 넘치는 곳으로 바꾸어 매우 공감을 얻었다. 눈살 찌푸릴 수 있는 쓰레기와 오물, 무너져 가는 담장이 있는 골목길을 '생활녹화는 초록빛 삶의 터'라는 마음으로 여성이 중심이 되어 노약자, 취약 계층인 동네 주민들이 하나가 되어 많은 어려움을 극복하고 아이들이 텃밭에서 식물을 키울 수 있고 아름다운 초록빛 공간으로 변모시켜 나가는 '암탉 우는 마을'의 스토리가 매우 인상적이었다." - 출처: 서울시 홈페이지

"수서아파트에서의 경험은 우리에게 새로운 사실을 알려주었다. 바로 동네숲을 통한 공동체 운동은 일정한 울타리 안에서 진행될 때 가장 효과적이란 점이다. 완전 개방된 공간에서는 주인을 만나기 어렵고, 주인이 없는 동네숲은 지속적인 관리가 어렵기 때문이다. 즉, 동네숲이 적극적으로 활용되는 곳이 효과도 있고, 관리도 잘된다는 이야기이다. 그래서 우리동네숲이 새롭게 찾아간 곳은 복지시설이었다. 대표적으로 서울시립 지적장애인 복지관 뒤뜰에 만든 '어울누리뜰' 을 꼽을 수 있다. 이곳은 정욱주 교수 팀의 지속적이고 헌신적인 노력, 그리고 담당자의 협조로 장애인과 가족들을 위한 다양한 프로그램이 진행되고 있다."

사람 향기 나는 동네숲

우리동네숲,
사회복지 영역과 결합한 녹색복지

아파트숲에서 얻은
소중한 경험

어느 날 사무실로 키가 작고 짧은 머리에 머리가 희끗한 중년의 신사 한 분이 찾아왔다. 수서동 주공아파트의 선종국 관리소장이었다. 선종국 소장은 우리를 공동체 운동으로 이끌어준 사람이다. 그는 한 시간 동안 자신의 아파트 얘기를 해주고, 도움을 청했다. 그 당시의 대화를 회고해보면 "우리 아파트는 주민들 간의 갈등도 많고, 독거노인도 많고, 자살도 많아 공동체 프로그램이 절실한데 딱히 대안을 찾을 수 없었다. 그런데 어느 날 한 아주머니가 아파트 내에 심겨진 장미를 한 움큼 쓰다듬으며 향기를 맡으면서 세상에서 가장 행복한 표정을 짓더라.

그 모습을 보면서 무릎을 쳤다. 바로, 이거다! 그래서 무작정 인터넷을 뒤져서 도움을 청하러 왔다. 우리 아파트에 한번 와 달라.” 나중에 안 일이지만 선종국 소장은 아파트 공동체 운동에서 꽤 이름이 알려진 분이었다. 그의 열정과 신념은 한번 같이 얘기해 본 사람이라면 30분 안에 무한한 신뢰와 존경을 보낼 수밖에 없을 정도이다. 며칠 지나지 않아서 수서동 주공아파트를 방문하였다. 아파트를 둘러보고 마침 공동체 텃밭으로 적합한 장소를 발견하였다. 과거에 만들어진 아파트는 의외로 공간이 여유 있게 설계되었고, 또 20여년이 지나서 공간이 잘 활용되지 않거나 노후화된 곳들이 많았다. 특히, 복도식 아파트 현관 쪽에 자리 잡고 있던 농구장은 소음으로 인해 거의 활용되지 않고 있었다. 이곳에 한국씨티은행과 신한은행의 후원(사회복지공동모금회 지원)으로 ‘치유의 정원’을 조성하였다.

“우리 아파트의 장애인들이 가장 자주 나타나는 곳은 사람들의 인적이 많은 아파트 상가 입구입니다. 이곳에서 시끄럽게 떠들어야 사람들이 자신들에게 관심을 가져주죠. 이런 모습을 보면 아픔을 느끼면서도 한편으로 해법이 보이기도 하죠.” 선종국 소장의 얘기이다. 치유의 정원은 우리동네숲에서 처음으로 올림식 텃밭Raised Bed을 도입한 사례이다. 올림식 텃밭은 노인과 장애인이 허리를 굽히지 않고도 경작 활동을 할 수 있는 텃밭 시스템이다.

수서동 주공아파트의 우리동네숲 사업은 여기서 그치지 않고, 단지별로 정원 가꾸기 사업, 집집마다 주머니 텃밭 가꾸기 사업 등으로 진행되었다. 그러나 선종국 소장이 자리를 옮기면서 사업이 시들해졌고, 그린트러스트에서도 뜸하게 방문하면서 점점 생기를 잃어갔다. 이때 나타난 사람이 우리동네숲의 영웅 이우향 코디네이터이다. 다들 포기하는 분위기에서 우코(이우향 코디의 별칭)는 자신이 주말에 자원봉사를 해서라도 역할을 하겠다며 큰 의욕을 내보였다. 또 우

※ ‘치유의 정원’은 결국 이름에서 치유를 빼야만 했다. 주민들이 “왜 우리가 치유의 대상이냐”며 못마땅해 했기 때문이다. 이를 계기로, 우리가 주민들을 단순히 ‘대상’으로만 생각했었던 것은 아닌지 되돌아보고 반성하게 되었다.

수서동 주공아파트의 우리 동네숲 사업은 단지별 정원 가꾸기 사업, 집집마다 주머니 텃밭 가꾸기 사업 등이 함께 진행되었다. 사진은 홍대텃밭다리의 다양한 주머니 텃밭 사례

코는 이곳에서 만인의 화원, 국화 동아리를 만난다. 국화 기르기를 좋아하는 한 주민의 아이디어에 의해서 시작된 국화 동아리는 비닐하우스를 만들고 국화를 재배하면서 온 단지에 국화 바이러스를 퍼뜨리고 국화차를 만들어 팔기도 하고, 오늘날까지도 열심히 활동중이다. 우리는 이 과정을 보면서 우리동네숲이 공동체 운동으로 발전하기 위해서는 무엇이 필요한지 절실하게 느끼고 배우게 되었다. 수서동 주공아파트 선종국 소장과의 만남은 이후에 우면동 아파트, 상계동 아파트로 확대되었다. 결국 모든 일은 열정을 가진 한 사람이 움직이게 돼있다.

복지관을 찾은 우리동네숲

수서동 아파트에서의 경험은 우리에게 새로운 사실을 알려주었다. 바로 동네숲을 통한 공동체 운동은 일정한 울타리 안에서 진행될 때 가장 효과적이란 점이다. 완전 개방된 공간에서는 주인을 만나기 어렵고, 주인이 없는 동네숲은 지속적인 관리가 어렵기 때문이다. 즉, 동네숲이 적극적으로 활용되는 곳이 효과도 있고, 관리도

우리동네숲이 새롭게
찾아간 복지시설에 조
성한 '어울누리뜰'

잘된다는 이야기이다. 그래서 우리동네숲이 새롭게 찾아간 곳은 복지시설이었다.

대표적으로 보라매공원에 인접한 서울시립 지적장애인복지관 뒤뜰에 만든 '어울누리뜰'을 꼽을 수 있다. 이 프로젝트는 한국스탠다드차타드은행에서 후원하였으며, 서울대 정욱주 교수가 설계에 참여하였다. 그리고 여기서 우리는 최선자 팀장이라는 보석을 발견하였다. 어울누리뜰은 2~3년 후 서울그린트러스트의 도움 없이도 정욱주 교수 팀의 지속적이고 헌신적인 노력, 그리고 복지관 담당자였던 최선자 팀장의 협조로 장애인과 그 가족들을 위한 다양한 프로그램이 진행되었고, 매년 식생이 개선되고 있다.

이웃한 남부장애인복지관에도 이듬해에 우리동네숲이 조성되었다. 역시 설계는 정욱주 교수 팀에서 수고해주었는데, 서울시립 장애인복지관보다 훨씬 좋은 공간을 가졌고, 디자인도 내 눈에는 올해의 조경상을 받을 만큼 훌륭한 성과가 나왔으며, 예건의 후원으로 빗물활용시스템까지 도입되었다. 그러나 문제는 이를 받아줄 수 있는 한 사람이 부족하였다.

이 두 복지관이 모두 평지에 조성된 것에 비해, 길동에 있는 경생원에서는 옥상에 텃밭을 조성하였다. 메리츠화재의 후원으로 3년간 진행된 이 사업에서는 신규 공간 조성보다 프로그램에 오히려 역점을 두고, 경생원 아이들과 선생님과 함께 매월 지속적인 프로그램을 진행해 나갔다. 이후에도 아동복지시설인 남산 원에 '예술을 더한 텃밭' 이 조성되었으며, 2012년에는 최일도 목사가 운영하는 청량리 밥퍼에 '밥숲' 을 조성하기도 하였다.

복지기관과의 협력은 비교적 성공적이었다고 평가받고 있지만, 복지기관이 갖고 있는 수혜자적 태도가 항상 문제가 되곤 하였다. 서울시립 지적장애인복지관의 최선자 팀장처럼 받아줄 능력이 있는 사람이 있고 없음에 따라 이 일의 지속 가능성이 크게 좌우된 것이다. 그렇다고 늘 그런 사람이 나타나기를 기다리고만 있을 수 없기에, 우리가 나서서 사람을 찾고 교육하고 발굴하지만 그 토양에서 자생적으로 성장한 사람과는 비교가 되지 않는다.

●
청량리 밥퍼에
조성된 '밥숲'

　　　"공동체 텃밭으로 번역하고 있는 커뮤니티 가든은 우리의 주말
　　　농장과는 많은 차이가 있다. 주말농장은 분양식 텃밭으로 공동
체 활성화를 특별히 고려하지 않으며, 개인이나 가족 단위의 텃
밭 경작 활동이 그 핵심이다. 반면, 공동체 텃밭은 텃밭 경작 활
동도 중요하지만, 그보다 공동체 활성화 또는 공동체 회복이 더
중심에 있다. 커뮤니티 디자인 역시 많은 사람들이 지역 사회,
지역 공동체가 참여하는 디자인으로 생각하지만, 커뮤니티 디
자인의 가장 핵심은 지역 공동체를 조직하는 것이다. 결과보다
는 과정에 더 큰 의미를 두고 과정을 통해 주민들이 공간의 주
인으로 다시 태어나는 것을 의미한다."

우리동네숲에서
사라진 '우리'

우리동네숲의 확산 과정에서 나타난
주민참여의 한계와 극복

우리 동네 그린웨이

6년 동안 26개의 동네숲을 한 도시에서 만든 시민단체는 흔치 않았고, 앞으로도 쉽게 나타나기 어려울 것이다. 지속적인 재원 확보, 행정과의 파트너십, 주민과의 협력적 관계를 만드는 기술, 전문가의 지원 등이 없다면 진행할 수 없는 사업이기 때문이다. 그러나 이런 자긍심도 한 활동가 앞에서 여지없이 무너지기 시작하였다. 서울그린트러스트에 입사한 지 갓 1년도 안된 이우향 코디는 우리동네숲을 답사하면서 우리동네숲에서 '우리'가 실종되었음을 보고하였다. 그리고 그는 수서동 주공아파트에서 만인의 화원을 경험하면서, 스스로 해답을 찾고 본격적으로 공동체 운동에 매진하기 시작했다. 모든 활동가들이 우코에게

석관동에서 진행된 '우
리동네숲, 마을에 손을
내밀다' 프로젝트

전폭적인 지지를 보냈고, 지금까지 추진되었던 우리동네숲 중에서 다시 '우리'를 찾는데 최적의 장소 한 곳과 공동체가 있는 새로운 대상지 한 곳을 찾아 스타 프로젝트를 하기로 결정하였다. 다행히도 끊임없이 우리를 지지하고 성원해준 유한킴벌리에서 스타프로젝트를 지원하기로 하여 새로운 도전이 시작되었다.

대상지는 우리동네숲 1호인 석관동과 양천구 신월동의 SOS마을로 정하였다. 동네숲에서 마을로 녹색의 기운을 펼치기 위하여 '우리 동네 그린웨이'라는 사업명으로 본격적인 추진을 시작했다. 석관동에서는 쓰레기와 개똥으로 지저분해진 동네숲을 다시 마을의 가치 있는 곳으로 변모시켰고, 지역 주민 스스로 동네숲을 가꿀 수 있는 동력을 만들기 위해 다양한 문화예술 프로그램과 주민 조직 사업이 진행되었다. SOS마을에서는 마을숲을 마을 축제에 결합하는 등 처음부터 마을 운동과 연계하기 위한 시도가 이어졌다. 그 결과 문화예술과 마을 운동과 도시녹화 운동이 한 공간에서 통합된 형태로 추진되는 의미 있는 진전을 이루었다. 그러나 외부에서 지원하는 형태의 사업은 여전히 한계를 가지고 있기 마련이어서, 한두 해를 넘기지 못하고 끝나버리는 경우가 대다수였다.

그래서 2012년에는 공동체 운동으로 발전시켜 나가기 위한 여러 가지 시도가 함께 진행되었다. '나도 가드너' 교육 프로그램을 통해서, 우리동네숲에 참여하는 또는 녹색 공동체 운동에 관심이 있는 시민들에게 소셜 가드너social gardner 교육을 하기 시작한 것이다.

서울그린트러스트의 새로운 보금자리인 '녹색공유센터'에서 동네 아이들과 채소를 심던 날

　그 과정에서 우리는 사무실을 서울숲 옆 성수동1가 2동으로 이전하였다. 감나무 세 그루와 텃밭과 정원으로 쓸 수 있는 여유 공간을 가진 2층집을 임대하여, 제3자가 아닌 우리 자신이 마을의 이웃이 되어 녹색 공동체 운동을 주민의 입장에서 전개하기 시작하였다. 그 결과는 10년 후 20주년 책자에서 볼 수 있을 것이다.

주민참여 동네숲 가꾸기

우리가 7년 동안 우리동네숲 사업을 하면서 얻은 결론은, 우리동네숲이나 공동체 텃밭과 같은 녹색 공동체 운동에서 가장 중요한 것은 그 지역의 리더십을 찾는 것이란 점이다. 또 조경, 원예 전문가의 적절한 지원이 필요하고, 행정과 시민단체는 지역의 자발적인 시스템이 잘 굴러갈 수 있도록 조력자 역할을 해야 한다는 점 역시 절감했다. 그런 깨달음을 바탕으로 추진된 것이 2012년 서울시 푸른도시국 조경과에서 주도한 주민참여 동네숲 가꾸기 사업이다.

주민참여 동네숲 가꾸기 사업은 말 그대로 그린트러스트에서 해왔던 우리동네숲 사업을 주민 주도로 풀어보자는 것이었다. 우리동네숲·정원위원회 위원들이 멘토 역할을 맡기로 하고, 25개 구청에서 신청자를 모아서 21개 사업이 동시

주민의 자발적인 참여를 이끌어낼 수 있는 시스템 구축이 무엇보다 중요하다. 사진은 대치동 우리동네숲의 조성 전 후 모습

에 진행되었다. 각 구청별로 대상지를 찾아내고, 지역의 자생적인 단체나 시민 단체 혹은 사회적 기업이 코디네이터 역할을 하도록 하였다. 결과적으로 크게 3 부류가 코디네이터 역할을 담당하였는데, 자연보호협회나 새마을협의회 등과 같은 관에서 만든 지역단체,* 환경단체, 그리고 조경과 도시농업 분야에 새로 생긴 사회적 기업들이었다.

주민참여 동네숲 가꾸기 사업은 구청 담당자들이 이해하는데 많은 시간이 걸렸다. 그해 사업이 끝나고 나서도 왜 이런 사업을 하는지 문제제기를 하는 담당자들이 많았으므로, 이들에게는 매우 난해한 숙제였는지 모른다. 지금까지는 지역 사회나 지역 정치인의 민원을 받아 구청에서 조경회사와 계약하여 지역의 환경 현안을 해결하는 방식이 주류를 이루었으므로, 주민참여 사업이 행정에게 쉽게 다가갈 수는 없다. 심지어는 왜 주민참여 과정에 예산을 집행해야 하는지, 그 결과물도 전문 조경기업이 할 때보다 형편없어서 예산 낭비라는 비판도 감수해야 했다. 안타깝게도 주민참여 동네숲 가꾸기 사업은 시의회에서도 문제성 사업으로 평가받으면서 2013년도에 지속되지 못했고, 2012년 말에 구성된 공공조경가 그룹에서 이 일을 맡게 되었다. 결과적으로는 우리동네숲의 정신만 훼손되고 만 것이 아닌가하는 후회가 막심하였다. 이런 결과를 그린트러스트만 아니라 여러 시민단체가 겪고 있다고 하니, 더욱 가슴 아픈 일이다. 시민사회에서 발굴된 아이디어가 행정 시스템으로 흡수되면 행정이 가지고 있는 회계와 감사 시스템, 그리고 관료적 사고방식에 의해 형식만 남고 내용이 변질되는 사례를 어떻게 극복할 것인가? 이런 고민이 서울시 마을종합지원센터와 같은 중간지원조직이라는 개념을 낳게 만든 것이 아닌가 한다.

---

* 흔히들 관변 단체라고 부르지만, 오늘날 이들을 계속해서 관변 단체라고 부르는 것은 적절하지 않아 보인다.

커뮤니티 가든,
커뮤니티 디자인

나중에 '공동체 텃밭'으로 번역하게 된 '커뮤니티 가든Community Garden'은 우리의 주말농장과는 많은 차이가 있다. 주말농장은 분양식 텃밭으로 공동체 활성화를 특별히 고려하지 않으며, 개인이나 가족단위의 텃밭 경작 활동이 그 핵심이다. 반면, 공동체 텃밭은 텃밭 경작 활동도 중요하지만, 그보다 공동체 활성화 또는 공동체 회복이 더 중심에 있다. 커뮤니티 디자인 역시 많은 사람들이 지역 사회, 지역 공동체가 참여하는 디자인으로 생각하지만, 커뮤니티 디자인의 가장 핵심은 지역 공동체를 조직하는 것이다. 결과보다는 과정에 더 큰 의미를 두고 과정을 통해 주민들이 공간의 주인으로 다시 태어나는 것을 의미한다. 커뮤니티 디자인을 디자인의 한 수법 정도로 오해해서는 안 된다.

공동체 텃밭 운동은 전국귀농운동본부나 인천도시농업네트워크와 같은 단체들이 먼저 시작했다. 커뮤니티 디자인 역시 도시연대의 전문가 그룹이 한평공원과 같은 사업을 통해 오래전부터 국내에 적용해왔다.

그린트러스트는 이 두 가지 의제를 우리동네숲·정원 사업에 모두 결합하게 되었으며, 환태평양 커뮤니티 디자인 네트워크PACIFIC REAM COMMUNITY DESIGN NETWORK와 함께한 2012년 8월 국제 컨퍼런스를 통해 새롭게 진일보하는 계기를 만들었다.

"서울시 전체의 옥상면적은 전체 면적대비 21.6%에 해당된다. 이중 40%가 활용 가능하고, 각 옥상의 50%를 실제로 활용할 수 있다면, 서울 도시농업의 성패는 바로 옥상의 활용에 달려 있는 것이 아닐까 싶다. 또한 엽채류 중심에서 유실수와 아름다운 화훼, 향기 나는 허브를 이용한 재배 작물의 다양화는 아름다운 미적 센스와 함께 전원 경관을 제공하는 자연친화적 휴식공간을 주민들에게 선사할 수 있다. 자연히 주민 교류의 씨앗도 이곳에서 자라날 수 있다. 그리고 공동체 체험 형태의 재배를 통해 재배 기술을 습득한 시민과 단체는 소규모 창업을 할 수도 있고, 사회적 기업 및 파머스 마켓을 형성할 수도 있다."

상자텃밭은 마법상자

상자텃밭 보급 사업의 결실과 과제

김완순, 엄은경 _ 서울시립대 환경원예학과

일상에서 맛보는 수확과 나눔의 기쁨

쾌적하고 건강한 녹색 도시를 만들고, 농업이 주는 정서적 안정감을 확산시키며, 자연친화적 도시를 실현하기 위해 추진된 서울그린트러스트의 상자텃밭 보급 사업은 마법의 상자와도 같은 행복상자의 역할을 해냈다. 상자 속에서 생명체가 자라나는 설렘, 기쁨, 행복을 공유한 주민들 사이에는 소통의 유대감이 깊숙이 자리 잡았고, 참여형 정원의 조성은 도시 속에서 자연을 맛볼 수 있게 한 공동체 텃밭의 좋은 사례로 자리매김 되었다. 또 서울시의 주민센터와 옥상에 전파된 가드닝 문화는 도시의 삭막함을 잠시나마 잊게 해주었고, 주민들이 직

2009년 청계천에서
열린 텃밭 분양 행사

상자텃밭을 활용해, 자연 친화 교육의 일환으로 아이들에게 심기, 가꾸기, 요리하기 등의 체험 수업을 진행하는 유치원도 점차 늘고 있다.

접 농사를 짓고 정원을 만들면서 느낀 수확과 나눔의 기쁨은 도시 공동체 활성화에 밑거름이 되어주었다.

도시 열섬 완화와 지구 온난화 방지, 자원 순환, 자발적인 생활녹화와 도시 로컬푸드의 보급을 목적으로 2009년도에 시작된 상자텃밭 보급 사업은, 첫 해에는 모종과 경량토 10,630개의 상자를 서울에 거주하는 일반 시민과 어린이집, 유치원 등 교육기관에 우선 보급하였다. 이후 2010년에는 모종, 상토, 퇴비와 상자 14,350개를 서울과 지방 중소도시의 노인 가정과 복지관에 텃밭 매뉴얼과 함께 보급하였고, 2011년에는 모종과 배합토, 퇴비가 담긴 15,000개의 주머니를 서울시 25개 자치구와 지방 중소도시의 공동체 및 노인 가정에 보급하였다. 2012년에는 사업 효과의 지속성을 높이기 위해 1일 공동체 교육도 함께 추진하였다.

2009년에 열린 생활녹화경진대회를 필두로 도시텃밭은 1만 명의 시민이 참여한 주민참여 도시녹화 운동으로 확산되었고, 청계광장의 상자텃밭 보급 이벤트와 2010년에 개최된 녹색서울시민한마당에서 '도시농부 장터'와 김장텃밭 보급 행사 등을 추진해, 대중적인 참여를 보다 극대화하였다.

한 참가자는 불혹의 나이가 넘도록 한번도 직접 키워보지 못한 방울토마토, 고추, 가지 등을 상자에 심고 가꾸면서 식물과 대화하고 인사를 나누는 새로운 변화가 생겼다면서, 상자텃밭 때문에 달라진 일상에 감사해했다. 식물과 특별한 연애를 하고 있다는 참가자의 소회는 상자텃밭 보급 사업이 도시민들의 삶에 어떤 영향을 주고 있는지 짐작케 했다. 뿐만 아니라, 자연친화 교육의 일환으로 어린이들에게 심기, 가꾸기, 요리하기 등 상자텃밭의 전 과정을 체험 수업으로 개발하여 진행하고 있는 유치원까지 생겨나, 이 사업에 대한 기대감을 한껏 높여주었다.

상자텃밭 보급 사업이
맺은 결실들

서울그린트러스트에서는 구체적인 사업의 효과를 확인하기 위해 상자텃밭을 보급한 개인 167명, 단체 147개소를 대상으로 설문조사 및 현장 모니터링을 실시하였는데, 개인 92%와 단체 84%가 상자텃밭 보급 사업에 만족한 것으로 나타났다. 선호하는 텃밭 작물로는 여성은 방울토마토를 남성은 고추를 선택하였고, 상자텃밭 사업 참여 동기로는 50%가 아이들의 환경 교육 때문인 것으로 조사되었다.

또한, 상자텃밭의 긍정적 효과로는 공동체 의식 증진 29%, 교육적 효과 22%, 정서 함양 21%, 친환경 먹을거리 제공 14%, 신체 건강 7%, 경관적 효과 7% 등으로 나타났다. 참가자들은 봄에는 고추와 가지, 상추, 케일, 부추, 방울토마토, 오이, 생강, 단호박 등을 재배했고, 가을엔 배추와 콩, 쪽파를 재배하였다. 그 외 옥수수, 구기자나무, 석류나무, 소나무, 잣나무, 호두나무, 대추나무, 매실나무, 치자나무 등도 보급되었다. 친환경 재배를 위해 고무 통에 음식물 쓰레기를 모아 발효시킨 음식물 퇴비와 오줌을 받아 발효시킨 오줌 비료를

내 손으로 직접 생산한 수
확물을 이웃과 나누는 기쁨
을 전해주는 상자텃밭

이용한 사례가 있었고, 빗물과 쌀뜨물을 비료로 사용한 경우도 있었다.

상자텃밭의 구체적인 장점으로는 가족에게 직접 재배한 싱싱한 친환경 농산
물을 먹일 수 있다는 점과 가정의 음식물 쓰레기가 퇴비로 사용됨에 따라 음식
물 쓰레기가 거의 나오지 않았다는 점이 꼽혔다. 또 EM용액 사용으로 하천 오
염 방지, 빗물과 소변의 비료화로 인한 물 절약, 농약이나 화학비료 사용 자제
를 통한 환경 보호와 자원 절약 등도 주요 장점으로 언급되었다.

특히 텃밭은 자라나는 아이들에게 직접 생명을 기르고 가꾸는 기쁨과 생명의
소중함을 일깨워줄 수 있다. 흙에서 자라는 생명체와의 교류는 때론 징그러운
벌레와의 만남이라고 할지라도 생태계의 신비를 깨달을 수 있는 교육의 장이 될
수 있기 때문이다. 어느 순간 식물 사이에서 나타나 잎을 갉아먹어 구멍을 내고,

이내 통통해져서 진한 녹색으로 몸을 감추었다가 나비나 나방이 되어 어디론가 사라져버리는 얄미운 벌레들의 일생을 아이들이 어디에서 접할 수 있을까.

그뿐 아니라 식물을 기르고 텃밭을 가꾸며 다른 생명체를 보살피는 돌봄의 행위는 결과보다 과정의 중요성을 느끼게 해주고, 채소를 직접 기른 아이는 식탁에 올라온 채소를 뿌듯한 자부심을 갖고 대하게 된다. 인스턴트 식품과 패스트푸드 문화에 익숙한 아이들이 변화하는 계기가 마련될 수도 있는 것이다. 지금의 기성세대가 어린 시절 직접 캔 냉이로 어머니가 끓여주신 된장찌개를 먹었을 때 느낀 행복감을 지금의 아이들도 느낄 수 있게 해줄 수 있지 않을까?

상자텃밭 사업과 같은 도시농업은 아이들에게 가꾸고 키우는 기쁨과 생명의 소중함을 일깨워 줄 수 있다. 사진은 제4회 생활녹화경진대회에서 심사위원특별상을 수상한 '청룡초등학교'

하지만 도시텃밭을 가꾸는 것이 그리 녹록치만은 않다. 여름철 아침저녁으로 물을 주고 벌레를 잡아 주어야 하는 수고가 필요하다. 작물들의 병·해충 예방법과 병충해의 종류, 친환경방제법과 사용할 수 있는 약 등에 대해서도 교육과 경험의 나눔이 필요하다. 단, 경험의 공유가 필요하기에, 상자텃밭을 매개로 커뮤니티의 소통이 활발해질 수 있는 가능성이 있다는 점도 큰 장점 중의 하나이다. 농사일을 통해 느낄 수 있는 노동의 즐거움과 가꾸는 재미, 내 손으로 직접 생산한 수확물을 이웃과 나누는 기쁨과 즐거움은 상자텃밭을 행복상자로 만드는 마법을 부리고 있다.

도시농업 열풍과 새로운 경향

수백 개의 상자텃밭으로 금천구민회관의 옥상을 멋지게 디자인한 사례는 시민의 힘과 창의력을 보여주고도 남았다. 다양한 프로그램을 통해 '도시농업 일자리' 창출의 가능성을 보여줌으로써 상자텃밭의 무궁한 잠재력 또한 제시하였다. 옥상을 푸르게 변신시킨 상자텃밭은 가까운 거리에서 얻을 수 있는 안전한 먹거리, 가족들의 건강을 챙기는 사랑으로 한층 더 행복감을 증진시켰다.

서울시 전체의 옥상면적은 130.8㎢로 서울시 전체 면적 대비 21.6%에 해당된다. 이 중 40%가 활용 가능하고, 각 옥상의 50%를 실제로 활용할 수 있다면, 서울 도시농업의 성패는 바로 옥상의 활용에 달려 있는 것이 아닐까 싶다. 또한 엽채류 중심에서 유실수와 아름다운 화훼, 향기 나는 허브를 이용한 재배 작물의 다양화는 아름다운 미적 센스와 함께 전원 경관을 제공하는 자연친화적 휴식공간을 주민들에게 선사할 수 있다. 자연히 주민 교류의 씨앗도 이곳에서 자라날 수 있다. 그리고 공동체 체험 형태의 재배를 통해 재배 기술을 습득

서울시 옥상 면적은 에 달려 있다고도 할
전체 면적 대비 21.6% 수 있다. 사진은 상자
에 달한다. 때문에 서 텃밭으로 옥상을 녹화
울시 도시농업의 성패 한 문래도시텃밭과 홍
는 바로 옥상의 활용 대텃밭다리

한 시민과 단체는 소규모 창업을 할 수도 있고, 도시장터의 도시농부로 전문화
된 기술력을 갖춘 사회적 기업 및 파머스 마켓을 형성할 수도 있다. 새로운 유
통과 판매의 형태를 이루어 도시농업 시스템을 구축할 수도 있을 것이다.

얼마 전 자신의 텃밭에서 생산한 가지와 오이, 호박을 자신 있게 권하는 작은
음식점 주인에게 채소를 사서 냉국과 볶음요리를 해먹은 경험이 있다. 도시텃
밭은 이제 주말마다 먼 곳으로 이동해야 하는 주말농장의 개념이 아니라, 가까

운 곳 즉 옥상이나 주택가의 좁은 공간에 조성한 상자텃밭에서 언제든지 맛볼 수 있다. 미국의 백악관 잔디밭을 텃밭으로 바꾼 미셸 오바마처럼 넓은 잔디밭은 아닐지라도 아파트의 자투리 공간 안에서 텃밭 공동체를 이루어 이웃 간에 소통이 없는 아파트의 철문을 열 수도 있을 것이다. 주민의 자발적 참여 의식과 소통의 의지만 있다면 작은 상자들의 모임은 그야말로 마법상자가 될 수 있지 않을까.

아현 뉴타운의 중심지역인 마포구 아현동 주민들은 자치위원회를 중심으로 아현동의 삭막한 도심 환경에 생명의 바람을 불어넣기 위해, 400개의 상자텃밭을 가꾸고 어린이집과 연계해 자투리땅에 한평 텃밭을 가꾸는 등 자연친화적인 도시 환경 만들기 프로그램을 진행한 바가 있다. 주민센터의 여러 가지 프로그램과 연계한 이 사업은 작물을 심어 생육과정을 관찰하는 생태 체험 학습 등으로 확산되어 아현 뉴타운에 에코 바람을 일으켰다고 한다.

약간 결이 다른 이야기일 수도 있지만, 요즘 패션가에는 또 하나의 새로운 트렌드가 생겨나고 있다. 일명 몸빼바지와 농부바지 등 소위 농부 패션이 유

몸빼바지와 농부바지 등 소위 농부 패션이 점차 유행하고 있다. 그만큼 도시 농업이 우리의 일상과 가까워졌다는 의미가 아닐까 싶다.

행하고 있는 것이다. 편안함을 기본으로, 색다른 디자인과 화려한 색상을 가미해 젊은이들도 즐겨 입을 수 있도록 디자인되었다. 이 농부 패션은 빠르게 입소문을 타기 시작했고, 편안한 옷차림의 몸뻬바지를 입은 학생들을 대학가에서도 쉽게 볼 수 있다.

한편, 다이소나 마트의 생활용품 코너, 천원숍 등에서 도시농업에 필요한 호미나 삽 등 농기구를 파는 원예 관련 소품들이 전시되어 있는 것을 볼 수 있다. 디자인이 가미된 미니 삽 세트나 가드닝용 장갑 등 농업 관련 소품이 늘고 있다. 상자텃밭의 가격도 크게 낮추고 편리성을 극대화한 제품이 출시되고 있다. 삼투압과 모세관 현상을 이용한 심지관수 상자텃밭은 텃밭 관리로 가족 휴가를 고민해야 하는 도시농부들의 걱정을 해결해 주었다. 이와 같은 도시농업의 열풍은 새로운 문화의 트렌드를 형성하고 있으며, 도심 텃밭의 확대는 녹색 환경을 조성할 수 있는 상자텃밭으로 거듭나고 있다.

소통의 마법상자

얼마 전 시골의 '5일장'과 같은 개념의 먹거리 장터로 믿고 살 수 있는 도시형 마켓인 '마르쉐@혜화동'이 문을 열었다는 소식이 들려왔다. 직접 재배한 농작물을 선보이는 도시농부와 텃밭에서 기른 작물을 재료로 사용한 음식들, 유기농 과일로 만든 수제 잼 등 음식을 매개로 생산자와 소비자가 만나 소통하는 도시 속 커뮤니티 공간이 탄생한 것이다. 이러한 공동체 소통 공간이 도심 속 곳곳에서 활성화 되리란 생각이다. 혼자 가꾸고 혼자 먹는 텃밭이 아니라 함께 가꾸고 함께 나누며 생각을 공유하는 공간들이 늘어나, 도심 속 상자텃밭이 가져다주는 소통의 마법상자를 곳곳에서 체험할 수 있기를 바란다. 이러한 마법상자와 소통의 주머니를 보급하는 서울시와 서울그린트러스트의 사업은 소통이 적었던 도시를 소통이 풍성한 도시로 바꾸는 귀한 사업의 시작이었다.

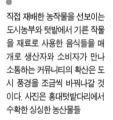
직접 재배한 농작물을 선보이는 도시농부와 텃밭에서 기른 작물을 재료로 사용한 음식들을 매개로 생산자와 소비자가 만나 소통하는 커뮤니티의 확산은 도시 풍경을 조금씩 바꿔나갈 것이다. 사진은 홍대텃밭다리에서 수확한 싱싱한 농산물들

최근 용산구는 지역 건물의 공공건물 옥상을 활용해 상자텃밭을 조성하고 있다. 효창동 주민센터와 경로당 옥상에 대형 상자텃밭 26개를 설치했다. 견고한 목재를 사용하고 이동이 용이하도록 바퀴를 부착하였고 스프링클러 등 자동관수 시설을 설치해 관리 측면에서도 신경을 쓰고 있다. 이처럼 도시농업 활성화와 옥상텃밭 조성을 통한 녹시율의 향상, 일반 주민 대상의 상자텃밭 보급에 많은 지역과 기관이 함께 힘쓰고 있다. 주민과 공공기관의 협력으로 함께 이루어가는 도심 속의 공동체 텃밭들은 기후변화 대응과 녹색 도시 만들기라는 환경적 가치를 넘어서 소통과 협력이 있는 도시를 만들어가는 행복의 선물상자가 될 것이라 확신한다.

"서울그린트러스트가 추구하는 모토 중 하나인 '시민이 가꾸는 공원'은 불특정다수가 함께 쓰는 공용의 오픈스페이스를 관심과 애정을 쏟아서 유지한다는 뜻이다. 일반적으로 우리가 직접 공원을 가꾸지는 않는다. 공원의 공급과 관리는 관 주도로 행해지고, 시민들은 이용할 뿐이다. '가꾸는'이라는 단어는 오히려 정원에 어울리는 동사이다. 그럼에도 불구하고 '시민이 가꾸는 공원'을 내세우는 이유는 공원 공급과 이용의 이원화 틀을 깨고 시민참여의 패러다임을 공원에 접목시켜 시민에게 주체로서의 권리와 의무를 부여하고자 하는 의도일 것이다. 이 문구는 감성적이고 쉬워 보이지만, 그렇게 만만하게 볼 일은 아닌 듯하다."

어울누리뜰

우리동네숲 사업으로 조성된
지적장애인복지관 정원

정욱주 _ 서울대학교 조경 · 지역시스템공학부 교수

서울그린트러스트의 10주년 기념일 즈음에 서울시립 지적장애인복지관 정원
도 세 번째 생일을 맞는다. 2010년 가을, 스무 번째 '우리동네숲'으로 조성된
이 정원은 20년 넘게 방치되어 있던 잡초밭을 휴식 뿐 아니라 텃밭 활동, 가드
닝 활동이 공존할 수 있는 공간으로 재구성한 프로젝트였다. 이 정원의 설계 과
정에 대해서는 월간 『환경과조경』 300호 기념호에 수록된 '조경 분야의 사회
참여' 특집에 기고를 한 바 있으니, 이 글에서는 완공 이후의 이야기를 이어나
갈 참이다.

  서울그린트러스트에서 마련해준 설계비를 종잣돈으로 필자와 복지관 간의
기부와 매칭의 룰을 만들었고, 마스터 가드너로서의 지위를 부여받았다. 정원
을 관리해줄 가드너가 필요했던 복지관과 학생들과 함께 정원 실습할 공간이

수크령, 억새 등의 그 라스류가 나름의 겨울 정취를 연출하고 있다.

필요했던 필자 간의 이해관계가 잘 맞아 떨어져서 자연스럽게 만들어진 상황이었다. 그렇게 3년의 시간이 흘렀고, 그동안 정원에는 많은 변화와 성장이 있었다. 정원이 스스로 자라난 것도 있고, 많은 사람들의 시간과 노력이 보태져 지금의 모습으로 가꿔나간 부분도 있다. 호미질만 신경 쓰고 기록에 소홀하다보니, 지난 3년 동안 남긴 것은 사진과 수목 거래명세서들 뿐이다. 준공 당시 96주의 수목과 7,860본의 초화를 심었고, 완공 이후 지금까지 45주의 관목과 2,830본의 초화를 추가로 식재하였다. 이것은 구매한 물량이고, 주변 경사지에서 채집해 오거나, 씨를 받아서 퍼뜨린 초화까지 포함하면 훨씬 많은 식물들이 이 정원에서 자라고 있다. 그밖에도 모름지기 정원이라면 기본적으로 갖추고 있어야 한다고 생각한 조각 1점과 물확 1점을 들여와 나름 정원의 구색을 갖추었다.

아직 노련함과는 거리가 있어서 구상한대로 정원이 그 모습을 보여주지는 않는다. 어떤 놈들은 계속 비실거리고, 어떤 놈들은 너무 왕성해서 이제는 뽑아내야 할 지경이며, 이에 더해서 잡초들은 항상 왕성하게 자라서 분위기를 부산하게 만들고 있다. 잡초도 삶의 투쟁을 하고 있는데 미안하게도 서로의 운명이 엇갈렸으니 어쩌겠는가. 계속 나고 계속 뽑고……. 정원이 유지되는 한 반복될 작은 전쟁이다. 볼만한 정원 사진 한 장 갖고자 하면 수 시간 품을 팔아야 가능하다. 저절로 아름다워지는 정원에 대한 희망은 포기한지 오래다. 정원은 사람 손때가 층층이 묻어있는 인공물이라는 확신이 들고 있다. 그린 섬Green Thumb이 되기 위해서는 아직 갈 길이 멀긴 하지만, 그 과정상의 즐거움도 적지 않다. 가꿈의 대가로 정원이 돌려주는 소박한 보상이랄까. 식상한 방식이지만 현 시점의 '어울누리뜰의 소소한 8경'을 선정하여, 이 정원이 필자에게 되돌려준 즐거움을 공유하고자 한다.

1경.
겨울의 스산함 속의 봄기운

겨울의 허전함이 나쁘지만은 않다. 설계를 하다보면 클라이언트들은 겨울 걱정을 많이 하는 편이다. 아무래도 꽃이나 열매를 볼 수 없을 뿐 아니라 가지만 앙상하니 그럴 수도 있겠다. 봄기운이 막 돌기 시작하기 직전까지 겨울의 정원은 밋밋하고 허전하다. 하지만 이내 돌단풍, 돌나물 등 손톱만한 새순들이 웅성대기 시작하고, 신록이 정원을 덮는 데는 몇 주 걸리지 않는다. 항상 경이로운 봄의 원기 왕성함은 스산한 겨울이 있어서 대비되고 증폭된다. 겨울이 겨울처럼 보이지 않게 하려는 과대한 노력은 오히려 부자연스러울 수 있다. 을씨년스러운 겨울 정취를 연출하기 위해서 수크령, 억새 등의 그라스 등과 큰꿩의비름처럼 꽃대가 녹지 않고 겨울을 버티는 초화들이 역할을 다하고 있다. 새순이 와글대는 초봄에 이들을 잘라주며 수고했다는 한마디를 잊지 않는다.

2경.
보라 보라 보라 보라

늦가을 심어둔 구근류는 초화 팀의 선두 타자이다. 크로커스가 아직 겨울 분위기인 정원에 듬성듬성 보라를 선보인다. 이어서 무스카리가 방울방울 보랏빛을 선보인다. 무스카리가 타석에서 물러설 즈음 매해 영역을 넓히고 있는 아주가가 비슷하지만 또 다른 보라색을 뿜어낸다. 4번 타자는 자란이다. 우아한 자태의 자란은 매력적인 보라 꽃의 정점을 찍는다. 물론 이 순서를 알고서 플랜팅을 한 것은 아니고 가꾸다가 알게 된 사실이지만, 어쨌든 보라 정원의 연출 순서 아이디어를 덤으로 얻게 되었다. 4, 5월의 어울누리뜰은 보라이다.

●
보라 보라 보라
보라를 주도하고
있는 무스카리

●
무스카리와 또
다른 보라색을
뿜어내는 아주가

●
좀씀바귀의
노란 꽃

3경.
좀씀바귀의 노란 카펫

좀씀바귀는 포장과 돌 틈 사이에서 자라도록 다른 집의 정원에서 소량을 얻어와 심었다. 그런데 불과 2년 만에 온 정원을 도포해 버렸다. 누군가가 좀씀바귀는 너무 왕성해서 정원의 균형을 망칠 수 있다고 경계한 것을 기억해냈다. 하지만 봄철에 한번 정원을 노란색 카펫으로 만들어주는 이놈들이 나쁘지 않다. 내가 부지런을 떨어 개체수를 조절해주기만 하면 큰 문제는 없다. 그 적절한 수준을 유지하려면 앞으로도 이놈과의 신경전을 계속 해야만 할 것이다. 물론 포장과 돌 틈은 원래 역할에 맞게 잘 메우고 있다.

돌 틈을 메워준
좀씀바귀

4경.
겹벚과 빈카마이너

정원의 규모는 크지 않지만 빛의 양은 평등하지 않다. 항상 커다란 플라타너스 바로 아래는 정원이든 텃밭이든 고전하게 된다. 이 고전은 지금도 진행 중이다. 관중이나 수호초, 맥문동 등 보편적으로 음지에 많이 심는 수종은 별 문제 없었지만 고민을 덜한 수종은 천천히 자취를 감추었다. 하지만 양지와 음지에 심는 수종을 칼같이 나눠버리고 공식처럼 심는 것은 조심하고자 한다. 빛의 양은 주변의 조건에 따라 미세하게 바뀌는 것이니까 음지와 양지를 단언할 수 없을 것이라는 생각이다. 극한 그늘에서 꿋꿋하게 잘 자라는 예쁜 놈들은 빈카마이너와 애기나리이다. 특히 빈카마이너는 활짝 핀 겹벚나무의 그늘 아래에서 맑은 하늘색 꽃을 선보였고, 벚꽃이 떨어져 바닥을 덮었을 때도 함께 참으로 아름다운 그림을 만들었다. 매년 기다릴 가치가 있다고 각인된 장면이었다.

5경.
키다리 참나리

여름의 정원은 봄, 가을에 비하면 볼거리들이 적은 편이다. 그뿐 아니라 더워서 작업하기 힘들고, 장마에 비도 자주 오기 때문에 잡초들이 가장 왕성하게 번식하는 기간이기도 하다. 이 시기에 정원에 크고 시원한 장면을 선사하는 놈이 참나리이다. 사실 참나리는 구매한 것이 아니라 여기저기 다니다가 주아가 매달려 있는 참나리를 볼 때마다 이를 조금씩 모아서 데크의 측면에 뿌려둔 것이다. 생각만큼 쉽게 그 자태를 보여주지 않다가 작년 여름에 처음 꽃이 피었다. 데크 위로 불쑥 자라나서 피어나는 참나리는 정원의 입구에서 자라는 연꽃과 함께 선 굵은 장면을 연출하고 있다.

겹벚나무 꽃잎과
빈카마이너

데크 앞의 참나리

6경.
플라타너스 그늘의 풍경

정원이 조성되기 전 잡초밭에는 보리수와 커다란 플라타너스 한 그루씩이 중간쯤 자라고 있었는데, 이미 성목이 되어있는 두 나무를 반영하는 설계를 하였다. 이 플라타너스는 정원의 안쪽에 넓은 그늘을 제공하는데, 사람들에게는 시원한 장소였지만 밑에서 자라는 식물들에게는 상당한 제약이었다. 음지정원을 만들기 위해서 관중, 옥잠화, 산수국 등을 심었는데, 큰 나무의 스케일과 걸맞게 관중과 옥잠화 잎의 볼륨감, 옥잠화 꽃과 산수국 꽃의 세련됨이 제법 어울리는 모양새를 드러내었다. 정원에 조각 한 개 쯤 있으면 좋겠다고 생각하던 차에 우리 과에서 복수전공을 하고 있는 조소과 학생을 통해서 다른 친구의 학기중 과제 조각을 기증받을 수 있었다. 300평 규모의 정원에는 다소 작은 감이 없지 않았지만 이런 양질의 조각을 기증받을 수 있다는 것은 정말 행운이었다. 이 대리석 조각은 맞은편에 있는 흰 옥잠화 꽃이 만발할 때 우아함이 돋보인다. 관중 사이에 빼꼼 솟아있는 이 조각과 어울릴 또 하나의 장면을 위해서 관중들 틈 사이에 상사화를 심어놓았지만 아직 꽃을 못보고 있다. 올해는 꼭 상사화가 피기를 고대해본다.

●
플라타너스 그늘에서 바라본 정원. 앞쪽으로 새로 설치한 조각 작품이 보인다.

● ●
복지관 건물에서 내려다본 모습. 플라타너스의 넓은 그늘 탓에 관중, 옥잠화, 산수국 등을 심어 음지정원을 만들었다.

물확을 심다

조성 초기의
어울누리뜰

물확에 찾아온 까치

7경.
물이 오자 새가 들다

정원에 조각을 한 점 기증받은 뒤 분위기가 좋아졌는데, 계속 아쉬움이 남는 것은 조그만 수반이었다. 물이 졸졸 흐르는 수반이 있다면 새도 오고, 소리도 들을 수 있을 텐데 하는 바람이야 있었지만, 우리의 예산을 생각해보면 흐르는 물을 도입하는 것은 무리였다. 절충안은 물확이었다. 정원의 1년 예산의 1/3을 투입해서 구매를 하였다. 2년 전에 복지관에서 벼농사 체험이 필요하다고 해서 붉은 고무대야를 묻어서 한 해 써 본적이 있었지만 지속적이지 않아서 흙으로 채워졌었으니, 지속적인 물이 정원에 들어온 것은 처음이라고 볼 수 있다(올 봄에는 고무대야에 흙을 반쯤 퍼내고 연꽃을 심어 놓았다). 부레옥잠을 세 포기 띄워놓는 것으로 마무리한 뒤, '역시 정원에는 오나먼트와 수경이 필요해' 라고 되뇌었다. 며칠 뒤 카카오톡에 사진이 한 장 떴다. 까치가 물 마시러 정원에 온 걸 복지관 국장님이 찍어 보내셨다. 우쭐해져서 답글을 보낸다. "거봐요. 물 오면 새가 든다니까요."

8경. 수크령 게이트

이 정원의 중요한 설계 개념 중 하나는 텃밭정원의 시도였다. 정원과 분리된 텃밭을 제안하기보다는 경작이 일어나지 않은 시기에도 허전해 보이지 않도록 일련의 초화류를 함께 식재하여 텃밭이면서도 사계절 관상 효과가 있도록 구성한 것이다. 일렬의 초화로 선택된 것 중 하나는 수크령이었는데, 여우꼬리 같은 화수가 매력적인 놈이다. 수크령이 개화할 때 텃밭정원으로 들어가는 입구부가 수크령으로 반쯤 가리게 된다. 까실까실한 수크령 게이트가 드나드는 재미를 더한다. 이 수크령들은 마른 채 겨울을 버텨서 겨울바람을 표현하기도 한다.

수크령 게이트

3년차 초보 정원사는 좌충우돌하며 경험을 쌓고 있다. 이제 재료를 어디서 구할지도, 어떤 효과를 기대할지도 감이 조금씩 생기고 있으니, '온전히 자라기만 해다오' 하던 초기의 소박한 생각을 넘어 이제는 이런저런 테스트를 해보고 싶은 생각이 들기 시작했다. 이제 초급반을 졸업하고 다음 라운드로 가도 되겠구나 하며 스스로의 진급을 결정한다. 네덜란드 출신의 혁혁한 플랜티스트인 피에트 우돌프Piet Oudolf는 하이라인, 위즐리가든이나 포터스필드 등 우리에게도 잘 알려진 화원을 구현한 사람이다. 2005년도에 당시 근무하고 있던 필드 오퍼레이션스와 하이라인 프로젝트를 같이 하는 인연으로 회사에서 특강을 한 적이 있는데, 강의 후 플랜팅 디자인의 연습은 디지털로도 가능한지를 물었다. 단호하게 돌아오는 대답은 '노'. 연습정원에서 여러 번의 테스트를 통해서만 실력을 키울 수 있다는 첨언을 들었다. 본인이야 작업실에 딸린 연습정원이 있으니까 가능하지만 우리 같은 대도시 오피스 디자이너는 기회가 없다는 말처럼 들렸다. 이제라도 이런 기회와 장소가 생겼으니 개인적으로는 다행이다. 3백 평 규모의 정원은 크지 않지만, 이곳에서 크고 작은 '경' 만들기 작업을 지속하면서, 이 공간을 매개로 다양한 사람들과의 인연을 만들어갈 계획이다.

지금까지가 복지관의 '가꿈' 에 대한 다소 사변적인 이야기들이었다면, 이제는 시민과 공원에 대한 이야기를 시작하고자 한다. 서울그린트러스트가 추구하는 모토 중 하나인 '시민이 가꾸는 공원' 은 불특정다수가 함께 쓰는 공용의 오픈스페이스를 관심과 애정을 쏟아서 유지한다는 뜻이다. 일반적으로 우리가 직접 공원을 가꾸지는 않는다. 공원의 공급과 관리는 관 주도로 행해지고, 시민들은 이용할 뿐이다. '가꾸는' 이라는 단어는 오히려 정원에 어울리는 동사이다. 그럼에도 불구하고 '시민이 가꾸는 공원' 을 내세우는 이유는 공원 공급과 이용의 이원화 틀을 깨고 시민참여의 패러다임을 공원에 접목시켜 시민에게 주체로서의 권리와 의무를 부여하고자 하는 의도일 것이다. 이 문구는 감성적이고 쉬워 보이지만, 그렇게 만만하게 볼 일은 아닌 듯하다. 정원의 풍성함이 공원에서 구현되기 힘든 이유는 몇 가지의 결핍이 있기 때문인데, 가꾸는 사람과 그 관심의 정도, 가드닝 테크닉, 공원을 유지 관리하는데 드는 비용 등이 그것이다. 공원에 대한 시민들의 관심은 점점 높아지고 있다고 판단되지만, 시민 개개인의 힘으로 공원 가꾸는 기술을 터득하고, 비용을 마련하기는 쉽지 않다. 서울그린트러스트가 구축해놓은 거버넌스가 작동을 하여 후원을 통한 펀드레이징을 하고, 기술을 전파하고, 다양한 관심과 참여를 불러일으키는 것은 매우 고무적이다. 이 활동들이 서울그린트러스트의 설립 목표에 부합한다는 것에는 이견이 없지만, 참여를 강조하다보면 자칫 소홀히 대할 수 있는 경관 퀄리티에 대한 지향점이 더욱 명확했으면 하는 바람이 있다. 녹지의 확충이라는 목표를 '아름다운' 녹지의 확충으로 보정하는 것이 서울그린트러스트의 정체성을 희석시키지 않는다고 생각한다. 공간의 미적 측면이 장소 애착을 높이는 데에도 기여한다는 점은 부인할 수 없을 것이다.

지적장애인복지관의 어울누리뜰은 공공정원이다. 원래 정원은 사적인 개념과 가까운 공간이지만, 복지관이라는 공공시설의 정원은 특정다수의 활용과 관리가 이루어지며 불특정다수의 방문도 막지 않는 장소이다. 따라서 이곳은 공원과 사적 정원의 중간적 성격을 지닌 공공정원이라고 보면 무방하다. 아마도 서울그린트러스트는 '가꾸는 공원' 이라는 모토를 통해 공원과 정원의 합성적 성격을 지닌 공간을 지향하는지 모르겠다. 필자는 서울그린트러스트가 깔아놓은 밥상에서 전문가 역할을 자청하며 2010년 지적장애인복지관, 2011년 남부복지관을 공공정원으로 설계, 감리, 관리해오고 있다. 지금까지 여러 시행착오를 겪으면서 참여에 임하는 필자의 태도를 갖춰가고 있는 중이다. 그것은 첫째, 내게도 즐거움과 실익이 돌아오는 이해구도를 만들면서 일방적인 수혜의 흐름을 만들지 말 것, 둘째, 점진적으로 수혜자에게 주체의 지위와 공간을 보는 안목을 전달할 것, 셋째, 과정을 즐기되 결과물의 자존심을 반드시 지킬

어울누리뜰은 공원과 사적 정원의 중간적 성격을 지난 공공정원이라 할 수 있다. '가꾸는 공원'이라는 모토가 제법 잘 어울리는 곳이다.

것 등이다. 지난 3년 간은 조성 측면에 많은 신경을 썼다면, 앞으로는 이 공간을 어떻게 활용할지 더욱 고민할 참이다. 동네활동가로서 필자의 사적이고, 지엽적인 경험이 서울그린트러스트의 다음 10년을 설정하는 데에 조금이나마 참고가 될 수 있을지 모르겠다. 향후 서울그린트러스트가 우리나라 공원 운동의 새로운 패러다임을 정립해 줄 것으로 믿어 의심치 않으며 더욱 왕성한 활동을 기대해 본다.

3장

시민참여와 거버넌스

"서울숲 조성에 참여한 기업 중 운영 관리에 지속적인 후원과 자원봉사를 하는 기업은 처음에는 극소수에 불과하였다. 2005년도 만 하더라도 아직 도시공원에 대한 기업의 사회공헌과 사회봉사가 확산되지 않은 이유도 있었지만, 가시적인 성과가 나오는 숲 조성과는 달리, 운영 관리에 기업 사회공헌을 이끌어내는 것은 정말 어려웠다. 초기에는 문화 행사와 프로그램에 기업 스폰서를 확보하기 위해 여기저기 뛰어다녔지만, 아직 덜 익은 아이디어와 볼품없는 명성으로는 이마저도 쉽지 않았다. 고민 끝에 우리는 그 해법을 자원봉사에서 찾았다. 더디게 가더라도 끈끈한 관계와 신뢰를 가져갈 수 있는 유일한 방법이었기 때문이다."

좌충우돌 모금 이야기

서울그린트러스트가 추진한
다양한 모금 활동

도시공원을 위한
모금 활동의 첫 걸음

서울그린트러스트는 공원 모금에 성공했다고 할 수 있을까? 공원 분야의 경우
시민단체나 재단이 불모지인 상태였던 점을 감안하면 지난 10년간의 모금 활동
이 나름 성공적이었다고 볼 수 있지만, 상대적으로 여타 환경 분야나 사회복지
분야와 비교하면 매우 낮은 성과인 것이 사실이다. 그럼에도 불구하고 2003년
서울숲에서 진행된 나무 심기 모금부터 2012년의 푸른수목원 숲교육센터를 위
한 기금 모금까지 다양한 시도를 해온 점은 그 자체만으로도 충분히 의미 있는
일일 것이다.

도시공원과 관련한 모금 활동은 크게 세 가지 정도로 구분할 수 있다. 첫째는 공원 조성 과정에서의 모금, 둘째는 공원 운영 관리를 위한 모금, 셋째는 공원 노후시설의 개선을 위한 모금이다. 하나를 더 보태자면 도시공원을 확보하기 위한 시민운동 기금을 추가할 수 있다. 10년간의 짧은 역사이지만, 서울그린트러스트는 이 네 가지 유형의 모금 활동을 모두 경험할 수 있었다. 먼저 2003~2005년에 진행된 서울숲 조성 과정에서의 모금을 설명하고자 한다. 전체 모금액은 서울시의 매칭펀드를 포함하여 47억 원에 달하였다.

큰 나무와 작은 나무

모금을 어떻게 추진해왔는지 소개하기에 앞서, 큰 나무 얘기를 조금은 하고 가야겠다. 왜냐하면 모금에는 명분과 스토리텔링이 매우 중요하기 때문이다. 서울숲 조성 시민참여 과정에서 서울그린트러스트와 서울시가 심각하게 갈등을 빚은 부분이 "큰 나무를 심을 것인가? 작은 나무부터 심어서 키울 것인가"였다. 결론부터 말하자면 우리가 10년만 기다릴 수 있다면 작은 나무부터 키워서 크게 자라게 하는 것이 맞다. 그러나 도시공원이 부족한 우리 실정에서 "큰 나무를 심어서 녹색의 효과와 서비스를 시민들에게 '즉시' 제공한다"라는 명분이 사회 저변에 깔려있다. 그럼에도 불구하고 이런 대규모 공원을 조성할 때, 모든 공간을 큰 나무로 채우는 것은 정말 옳지 않다. 그것도 개장에 맞춰서 한 번에 완성한다는 것은 더더욱 문제가 있다. 개장에 맞추어 무리하게 식재한 대형 이식 수목들이 실제로 얼마나 많이 고사해버렸는지, 공무원들도 너무 잘 알고 있다. 공원에 도시숲을 디자인하면서 큰 나무와 중간키 나무, 그리고 작은 관목을 함께 설계하고 일시에 조성한다고 해서 건강한 숲으로 자라날 수 있을까? 그런 공간은 무늬만 숲일 뿐이지, 숲으로서 또는 생태계로서 기능하기 어렵다. 숲은 오랜 기간에 걸쳐 자연 스스로 만들어가는 것이다. 인간은 단지 도움을 줄 수 있을 뿐이다. 몇 년 전 방문하였던 시애틀의 레이크유니언파크의 사례를 잠깐 살펴보면, 이들은 최초 300만 달러에 달하는 예산의 70%를 오로지 건강한 토양을 만드는 데 사용하였다. 나무는 토양 환경이 만들어지고 나면 개장 후라도 관리하면서 천천히 심어가면 되기 때문이다.

특히 서울숲은 다섯 가지 서로 다른 공간 중 '생태숲'이라는 이름을 붙인 공간이 있고, 대부분의 시민 가족 나무 심기가 이곳 생태숲에서 이루어졌다. 더욱이 생태숲은 경기도 지방의 자연림의 모습을 바탕으로 디자인되었다. 일반 정원이나 조경 공간과 달리 생태숲만큼은 디자인된 그림을 20년 후의 미래로 생각하고 어린 나무를 심어 키워나가는 것이 정답이었다.

그러나 2003년 당시에는 나 자신도 그것에 대한 확신이 부족했던 것 같다. 결국 타협점으로 큰 나무의 규격을 줄여 중간 크기의 나무로, 즉 성년의 나무를 심는 게 아니라 청년의 나무를 심었다. 결과적으로 규격을 줄이다 보니 디자인이 매우 엉성해졌다. 2003년 가을부터는 큰 나무는 서울시에서 이식하고, 중간 키 나무의 이식과 어린 나무 심기는 서울그린트러스트에서 분담하게 되었다. 우리가 직접 큰 나무를 이식했다는 부담은 덜었지만, 결과는 마찬가지였다.

지금 서울숲을 둘러보면 2003~2004년 당시에 조성하였던 생태숲은 오히려 퇴보한 느낌이 든다. 생태숲의 겉모습만 만들었지, 변화해가는 모습을 예측하지 못했기 때문이다. 물론 나무들이 성장하기는 하였지만, 20~30년은 걸려야 만들어지는 숲의 모습을 단 한 번의 공사로 만들어놓고, 30만평이나 되는 면적을 집중관리하지 못하니 너무 많은 나무들이 죽어갔다. 큰 나무의 경우 토양 배수 상태가 나쁘거나, 이식목이 허약해 죽기도 하고, 작은 나무들은 큰 나무 그늘에서 제대로 자리를 잡지 못한 경우가 많았다. 후원자들이 몇 개월, 몇 년 후에 찾아와서 내 나무 살려내라는 문제제기를 하여 곤란한 적이 한두 번이 아니었다.

기업 CEO 나눔의 숲

서울숲 조성 과정에서 기업의 참여를 높이기 위해 100평 기준으로 '기업 CEO 나눔의 숲'을 모금 상품으로 만들었다. 100평당 1천5백만 원의 기금을 출연하고, 임직원들이 함께 자원봉사로 나무 심기에 참여하는 방식이었다. 이를 위해 당시 문국현 전 이사장이 솔선수범하여 여러 기업 CEO를 초대하였다. 작게는 3회에 나누어 100평을, 많게는 1,000평을 한꺼번에 조성하는 이 프로그램에 참여하는 기업들이 점차 늘어나면서, 5회의 나무 심기 동안 총 70개 업체가 참여하였다. 초기에는 문국현 전 이사장의 역할이 컸으며, 2004년에는 최용호 전 국장(당시 푸른도시국 국장)의 아이디어로 구민의 숲이라는 프로그램이 만들어져, 25개 구청이 참여하기도 하였다. 25개 구청은 각 자치구의 사정에 따라 직접 주민들이 모금과 나무 심기에 참여하기도 했고, 지역 기업인이 100평의 기금을 쾌척하기도 하였다. 사실 구민의 숲은 동전의 양면처럼 상반된 평가를 받을 수 있는 프로그램이다. 행정의 힘이 개입된 모금이기 때문에 순수함이 떨어진다는 지적도 있었지만, 행정이 적극적으로 시민참여를 독려했다는 점에서는 그 의미가 결코 작다고 할 수 없다.

어느 기업의 CEO가 나무를 심고 나서 점심시간에 모여 농담 반 진담 반으로 '서울의 땅값이 1평에 1천만 원이 넘는데, 오늘 1천5백만 원에 100평이나 되는 숲을 가지게 되었다'라고 얘기하였다. 이 숲이 그 기업 CEO의 소유가 되는 것은 아니지만 자신이 참여함으로써, 진정한 공유의 공간이 되지 않았을까 싶다. 이 CEO는 이후에도 여러 차례 자원봉사 행사에 참여한 것으로 기억한다.

우리는 기업 CEO 나눔의 숲을 일관성 있게 끝까지 모금 프로그램으로 진행하였다. 그러나 진행 과정에서 큰 오류가 발생하였다. 처음부터 문국현 전 이사장이 문제제기하였던 부분이었는데 당시 미래를 예측하지 못한 나의 큰 실수였다. "기금의 일정 부분을 관리비로 적립하고, 조성 후에 자원봉사하겠다"라는 약속을 받지 않은 것이었다. 2년간 47억 원의 기금을 모았지만, 모금을 위한 운영비를 제외하고는 어떤 비용도 적립하지 못하고 숲 조성에 모든 기금을 쏟아부었다. 지금 생각하면 참

●
기업 CEO 나눔의
숲 참여자들과의
기념사진(위)

●●
2004년 25개 구청이
참여해서 진행된 나
무 심기 행사(아래)

바보 같은 짓이었다. 물론 적립을 한다는 것이 서울시나 기부자에게 설득하기 쉬운 일은 아니었지만, 작은 나무를 심고 기금을 적립해야만 지속적인 관리가 가능하고 재단으로서의 역할을 할 수 있기 때문이다. 숲은 거저 얻어 지는 것이 아니라 지속적인 돌봄과 참여의 과정에서 완성될 수 있는 것이다. 마찬가지로 도시숲·도시공원 운동도 시민과 기업들의 지속적인 참여가 이루어져야 숲의 가치에 눈을 뜨고 숲을 위한 사회공헌에 마음을 열게 된다는 사실을 그 때는 몰라도 한참 몰랐다.

서울숲 개원 이후에 메모리얼 벤치를 하나씩 만들고, 그 벤치에 기업의 후원 내용을 기록하였지만 한번 떠난 관심을 다시 얻기는 힘들었다. 결국 운영 관리를 위한 새로운 기업 후원자를 찾아 나설 수밖에 없었다. 최근 외국의 도시공원이나 식물원에 가보면 시설과 정원에 기업이나 후원자의 이름을 사용하는 것을 쉽게 찾아볼 수 있다. 공간의 이름에 후원자의 명칭을 사용함으로써 후원자가 운영 관리에도 지속적으로 참여하도록 유도하는 방식이라 할 수 있는데, 시민과 기업의 도시공원 참여를 활성화하는 좋은 예라 할 수 있다.

서울숲에 새들을 불러주세요

잘 알려진 바와 같이 모금 피라미드는 소수의 고액 모금이 전체 모금액의 대부분을 차지하는데, 소액 모금은 숫자가 많은 것에 비해 전체 모금액 측면에서는 작은 부분을 차지한다. 하지만 홍보와 캠페인 그리고 시민참여라는 의미를 키우는 데 있어 소액 모금의 역할은 매우 중요하다. 2003년부터 2005년 봄까지 봄, 가을 매번 주제를 바꾸어 시민 가족 나무 심기 행사를 진행하였다. 그중에서도 특히 2005년 봄에 서울숲의 개장 전 마지막 나무 심기로 진행했던 행사가 기억에 남는다. 아마 국내 나무 심기 행사 중에서 가장 많은 참여자를 기록하지 않았을까 싶다. 행사에 약 3,000명이 참여하였고, 시민들은 나무 한 그루에 2만 원의 기금을 내고 새들의 먹이가 되는 다양한 열매 수종(때죽, 마가목, 산수유, 산사나무, 생강나무, 보리수, 붉나무 등)을 심었다. 1,000그루 이상의 가족 나무가 준비되어 대성황을 이루었지만 현장은 말 그대로 도떼기시장이었다. 100명이 넘는 자원활동가가 지원을 하였지만, 수많은 시민을 관리하는 것은 불가능하였다. 그러나 놀라운 것은 행사 시작 30분 만에 혼란은 안정되었고, 참여 시민 스스로 즐기기 시작했다는 점이다. 물론 몇 명의 참여자가 자신의 나무를 찾지 못해 계속 항의하는 사례가 있기는 하였지만, 나무 심기에 오는 시민들은 '한 그루 한 그루' 나무에 정말 정성을 들였다. 지금도 추억으로 남아있는 그날 행사는 정말 장관이었다. 나는 당시에 사무국장으로 거의 한 달 동안 상근 활동가들과 준비에 여념이 없어, 결국 1주일 전부터는 허리가 아파 밤에 찜질팩을 하지 않으면 잠들 수 없을 정도였다.

지속적인 관리에
후원할 기업은 없다?

앞서 얘기한 것처럼, 서울숲 조성에 참여한 기업 중 운영 관리에 지속적인 후원과 자원봉사를 하는 기업은 처음에는 극소수에 불과하였다. 2005년도만 하더라도 아직 도시공원에 대한 기업의 사회공헌과 사회봉사가 확산되지 않은 이유도 있었지만, 가시적인 성과가 나오는 숲 조성과는 달리, 운영 관리에 기업 사회공헌을 이끌어내는 것은 정말 어려웠다. 초기에는 문화 행사와 프로그램에 기업 스폰서를 확보하기 위해 여기저기 뛰어다녔지만, 아직 덜 익은 아이디어와 볼품없는 명성으로는 이마저도 쉽지 않았다. 초기에 유한킴벌리와 핵심적인 기업 후원자, 그리고 헌신적인 자원활동가가 없었으면 오래 버티기 힘들었을 것이다. 여러 가지 고민과 논의 끝에 우리는 그 해법을 자원봉사에서 찾았다. 그 해법을 제안한 사람은 이근향 전 사무국장이었다. 더디게 가더라도 끈끈한 관계와 신뢰를 가져갈 수 있는 유일한 방법이고, 공원이 가질 수 있는 최대의 장점이기 때문이다.

수프로에서 2005년부
터 매년 후원하고 있는
서울숲 여름 캠프

　서울숲은 남산과 더불어 우리나라에서 기업 사회봉사가 가장 많은 공원일 것
이다. 기업은 연회비로 후원하기도 하고, 사회봉사 활동에 필요한 재료와 도구
마련을 위한 기금을 후원해주기도 하고, 때론 필요한 물품을 후원하기도 한다.
조경계의 작은 기업이지만 수프로는 2005년 개원 이후 서울숲 여름 캠프를 한
해도 빠지지 않고 후원하고 있다. SK에너지 역시 우리나라에서 대표적으로 임
직원의 사회봉사를 시스템화 시킨 기업으로서 2006년부터 매월 1~2회씩 임직원
사회봉사 활동을 하면서 기업 회원으로 참여하고 있다. 신세계인터내셔날의 경
우는 새롭게 100평의 숲을 입양하고 사회봉사 회원 기업으로 참여하였으며, 메
리츠화재는 서울숲 가을 페스티벌의 메인 후원사 역할을 2년간 하였다.

한편 공원 디자인과 결합한 절묘한 스폰서십도 빼놓을 수 없다. 서울숲에는 '숲
속의 빈터' 라는 공간이 있는데, 이 빈터에는 거대한 통나무로 된 바둑판이 있고,

바닥에는 흑백의 돌이 깔려있다(나중에 이 바둑판은 옮겨지게 되는데, 바닥에 굴러다니는 흑백의 자갈돌이 위험하다는 이유 때문이었다). 이 아이디어를 낸 사람은 서울숲 설계가인 안계동 소장으로, 안계동 소장의 사촌조카는 유명한 바둑인인 안조영 9단이다. 이러한 인연을 바탕으로, 뉴욕의 센트럴파크에서 매년 체스 대회가 열리는 것처럼 서울숲에서 돌바둑대회를 개최하였다. 안계동 소장이 행사를 후원하였고, 한국바둑협회가 공동으로 주최하였다. 바둑TV에까지 중계된 매우 즐거운 행사였다. 흥행에 실패하여 계속되지 못한 아쉬움이 있지만, 지금이라도 다시 살려볼만한 프로그램이 아닌가 싶다.

도시공원은 결국 사람이 가꾸는 곳이고, 사람에 의해 가치가 커가고, 사람에 의해 아름다워진다. 도시공원을 운영 관리하는 사람들이 제 역할을 할 수 있도록 우리 사회가 함께 노력하는 모습을 기대해 본다.

●
서울숲 설계사인 동심원에서 후원한 돌바둑대회

공원은 끊임없이 진화하고,
새로운 후원자를 찾는다

아무리 뛰어난 설계가라고 하더라도, 100% 완벽한 공원을 만들 수는 없다. 또 시간이 지나갈수록 이용 행태도 변하기 마련이다. 지속적인 공원의 진화는 불가 피한 것이다. 대표적인 예로 서울숲에 조성된 '숲속의 빈터'는 초기 기획된 의 도와 달리 시민들의 이용이 저조하였고, 빈터가 오히려 방치된 느낌을 갖게 하 였다. 그래서 빈터를 조금씩 채우기 시작하였고, 그 중 한 빈터는 한국스탠다드 차타드은행과 함께 '시각장애인을 위한 향기정원'으로 조성하였다. 설계는 안 계동 소장이 자원봉사하였고, 한국스탠다드차타드은행 임직원들이 직접 참여 하여 꽃을 심고 매년 사회봉사 활동을 해왔다.

이밖에도 벤치를 추가하거나, 교각 아래의 빈 공간에 관목을 식재하거나, 공원 내 훼손이 심한 곳을 재생하는 작업도 기업 후원자들이 참여하였다. 거꾸로 기 업의 제안으로 새로운 시설이 도입된 경우도 있다. 대웅제약에서 무장애놀이터 를 서울숲에 만들어보자는 제안을 하였고, 기존 놀이터 옆의 이용도가 낮은 토 지에 무장애놀이터를 새로 조성하였다. 이 사업은 서울그린트러스트가 직접 관 여하지 않았으며, 대웅제약이 아름다운 재단에 후원하고 임옥상 화가가 디자인 하고 직접 시공하였다.

서울숲의 서비스 개선을 위한 모금도 중요하다. 서울숲 캠페인에서도 소개 하였지만 '책읽는 공원 캠페인'의 일환으로 아주그룹과 함께 조성한 '숲속 작 은 도서관', 풀무원과 함께 한 '수유방'도 서울숲 모금에서 빼놓을 수 없는 사 업이다.

●
한국스탠다드차타드은
행에서 후원한 시각장
애인을 위한 향기정원

서울숲이 첫 삽을 뜬 지 10년이 다가오면서, 최근 많은 공간이 노후화되기 시작했고, 다양한 변화가 발생하고 있다. 일본 요코하마의 도시공원 통계에 따르면 공원이 10년차에 접어들게 되면 리노베이션이 시작된다고 한다. 다중이 이용하는 시설인 까닭도 있고, 공원의 초기 디자인에 변화가 필요한 시점이기도 하기 때문이다. 어떤 측면에서 서울그린트러스트의 서울숲 모금은 지금부터가 새로운 시작점이 될 것이다. 센트럴파크 컨서번시의 모금도 훼손된 공간의 복원을 위한 모금 프로젝트가 전체 모금 역량을 키워줬다.

천인을 위한 벤치 - 북서울꿈의숲

서울시 민선시장의 역사는 대규모 공원 조성의 역사이기도 하다. 민선 1기 조순 시장은 여의도공원을, 민선 2기 고건 시장은 월드컵공원을, 민선 3기 이명박 시장은 서울숲을, 민선 4기 오세훈 시장은 북서울꿈의숲을 조성하였다. 북서울꿈의숲은 1980년대 서울의 대표적인 유원지였던 드림랜드를 현대적인 공원으로 재조성하는 사업이었다. 당시 지역사회에서는 드림랜드에 의료단지나 상업적 개발을 해야 한다는 목소리도 있었지만, 시민대토론회(우리는 서울숲의 사례를 통해 드림랜드가 공원화되어야함을 역설하였다)를 통해서 공원 조성으로 지역사회의 의견이 모아지기 시작했고 오세훈 시장의 동의를 이끌어냈다. 대규모의 토지 매입이 성사되고, 2010년 북서울꿈의숲의 조성이 시작되었다. 이 과정에서 서울시는 시민참여라는 가치를 필요로 하여, 서울그린트러스트에게 그 역할을 제안하였다.

북서울꿈의숲의 모금은 조금은 색다른 방식으로 풀어나갔다. 서울숲의 경우와 달리 우리 스스로 가졌던 주도권이 없었기에 절실함도 부족했고, 기업의 참여를 독려할 수 있는 강력한 리더십도 부재하였다. 결국 내부 논의 끝에 '천인의 벤치'라는 아이템으로 승부하기로 하였다. 북서울꿈의숲은 공간과 시설이 매우 현대적인 디자인으로 이루어졌기에 특별한 벤치 디자인은 공원의 독특한 아이콘이었다. 천만 시민이 함께 천명의 시민이 앉을 수 있는 천인의 벤치를 기부하자라는 제안서를 들고, 지역사회를 뛰어다녀야만 했다. 푸른도시국과 지자체의 지원이 있었지만, 우리 스스로 지역과 북서울꿈의숲에 대한 애착과 절실함이 부족해서인지 성과는 그리 높지 않았다. 서울숲처럼 3년에 걸친 모금이 아닌, 단기 모금의 한계 등으로 총 3억 원의 모금으로 마쳐야 했다. 그럼에도 불구하고 북서울꿈의숲 천인의 벤치 모금에는 독특한 사례가 있다.

첫 번째는 고 김수환 추기경을 추모하는 벤치를 기부하는 사례를 만들었다. 외국의 메모리얼 벤치가 갖는 의미를 시민들에게 알리기 위해 기획된 벤치 기부였다. 물론 그 기부는 고 김수환 추기경을 사모하는 종교인들의 순수한 노력으로 만들어졌다. 두 번째는 서울숲의 정신적인 지주인 홍성각 교수를 위해 자원활동가가 기부해 만든 벤치이다. 홍성각 교수가 자원활동가와 함께 벤치에 앉아서 눈시울을 붉히던 장면은 서울그린트러스트 10년의 활동 중 가장 감격스러웠던 일이 아닐까 싶다.

우리동네숲, 새로운 모금에 도전

우리동네숲은 기업 사회공헌에 있어 매우 매력적인 프로그램이다. 도심의 방치된 땅에 녹색의 옷을 입히고, 지역사회가 그 혜택을 향유할 수 있으며, 기업 임직원의 나무 심기 자원봉사가 가능한 사업이기 때문이다.

사업 초기에는 항상 그렇듯이 유한킴벌리가 기금을 후원하였다. 그러나 우리동네숲은 나무를 많이 심기보다는 공간을 개선하는 사업 성격이 강했으므로, 유한킴벌리의 사회공헌 코드와는 잘 맞지 않았다. 강서구 개화동에서는 지역 기업인 한국가스공사가 일부 참여하기도 하였지만, 우리동네숲 모금에 변화가 온 시점은 패션잡지 아레나가 결합하면서였다. 아레나는 매년 '블랙칼라 어워드' 라는 시상식을 개최하고 있는데, 2007년 수상자의 시상금으로 우리동네숲 조성 기금에 참여하였다. 배우 유지태 씨를 비롯해 여러 명의 수상자가 참여하였고 (엄홍길 씨는 수상금을 네팔의 아이들을 돕는 사업에 쓰겠다고 하여 제외되었다), 강남 대치동의 우리동네숲은 아레나의 광고주였던 청바지 회사 게스 코리아에서 함께 후원하 였다.

우리는 아레나의 참여를 경험하면서 새로운 가능성을 찾게 되었다. 물론 아레 나의 후원은 지속되지는 않았다. 2007년의 경우는 기후변화와 도시숲에 대한 특 집을 기사에 싣는 등 특별한 의미를 둔 후원이었다. 하지만 유한킴벌리처럼 사회 공헌을 하고자 하는 기업이 아니어도 숲 운동을 통해 특별한 관계를 만들어낼 수 있겠다는 자신감을 얻었다. 이후 여러 금융 그룹과 우리동네숲, 도시농업 사업 등을 발전시킬 수 있었던 것은 아레나와의 만남을 통해 얻은 학습 효과 덕분이 었다. 그 중에서도 특히, 한국씨티은행과의 그린씨티 캠페인은 매우 특별하다.

한국씨티은행과 펼친
그린씨티 캠페인

지금은 해외 유학중인 한국씨티은행의 김수연 부장이 2008년 서울그린트러스 트를 찾아왔다. 회사에서 기존의 우편물 소식지를 이메일로 교체하면서 절감 된 금액을 나무를 심는 사회공헌에 사용하고 싶다는 제안이었다. 여러 단체를 찾아보았지만, 서울그린트러스트가 갖고 있는 서울시와의 파트너십이 매력적 이었다고 한다. 그 해 우리는 두 개의 동네숲을 조성하게 되었고, 매년 한 개 이 상의 우리동네숲을 한국씨티은행 임직원과 함께 조성하여왔다. 그린씨티 캠페 인으로 조성한 대상지는 항상 한 가지 원칙을 가지고 있었다. 그것은 대상지가

●
한국씨티은행의 '씨티
글로벌 지역사회 공헌
의 날'

공공성이 높아야 한다는 점이다. 한국씨티은행은 매년 가을이면 글로벌 커뮤
니티 데이를 개최하는데, 전 세계의 임직원이 지역사회를 위해 자원봉사를 하
는 날이다(최근 150주년을 기점으로 해서 봄에 하는 행사로 바꾸었다). 이 날은 서울숲에 가
장 많은 기업 사회봉사자들이 찾는 날이다. 한국씨티은행뿐만 아니라 많은 기
업들이 서울숲에서 사회봉사를 하고 있는데, 최근에 참여하는 기업 임직원들
의 참여도나 성실함을 보면 한국의 자원봉사 문화가 크게 발전하였음을 느낄
수 있다.

●
2013년도에 소규모로
서울숲에 조성된 커뮤
니티 가든

신한금융 자원봉사 대축제 -
그린 산타

신한금융과의 인연은 서울그린트러스트가 도시농업을 지원하는 단체로 성장하게 만드는 계기가 되었다. 신한금융은 그룹 차원에서 매년 4~5월 자원봉사 대축제를 개최하여 왔는데, 환경 프로그램을 도입하고 싶어했다. 2009년 어렵게 시작했던 상자텃밭 보급운동을 신한금융과 함께 하기로 하고 사회복지시설에 텃밭을 보급하기 위한 프로그램을 기획하였다. 이름하여 '그린 산타'. 복지관 옥상에서 킥오프 행사를 갖고 한 달 동안 복지시설에 신한금융 임직원들과 텃밭 배달을 다녔다. 다음 해에는 노인을 모신 가정을 포함하여 확대하고, 3차년도에는 텃밭공동체 신청을 받아서 학교, 주민센터, 복지관 등에 보급하였다. 그린 산타 프로그램은 기업의 사회공헌 욕구와 시민단체의 사업 목표가 잘 매치된 사업이다. 신한금융은 생활녹화경진대회에도 적극적으로 참여하고 지원하였다. 이후로 많은 지자체에서 상자텃밭을 보급하기 시작하여, 더 이상 지속하지는 않았다. 그리고 2013년도에 소규모로 서울숲에 커뮤니티 가든을 조성하는 프로그램으로 전환하게 되었다.

한국스탠다드차타드은행 -
아이스크림 아저씨

서울그린트러스트는 유난히 외국계 기업과의 파트너 활동이 많았다. 외국계 기업이 그만큼 도시공원 사회공헌 문화에 익숙하기 때문이기도 할 것이다. 한국스탠다드차타드은행은 보라매공원에 인접해있는 두 개의 복지관에서 실시한 우리동네숲 프로그램에 함께 하였다. 또한 서울숲의 향기정원 조성과 성수대교 아래 숲 복원 프로젝트에 참여하였다. 행사 때마다 젊은 영국인 부행장이 청바지

차림으로 함께 참여한 점이 매우 인상적이었다. 하루는 서울숲에서 자원봉사 활동을 하면서 함께 참여한 아이들에게 다음에 할 때는 꼭 아이스크림을 사주겠다고 약속했다. 이듬해 부행장은 소프트아이스크림 기계를 가져와서 종일 아이들에게 아이스크림을 선물하였다. 기업의 자유롭고 즐거운 기부 문화, 자원봉사 문화를 배울 수 있는 기회였다.

메리츠화재 -
걱정인형의 걱정

메리츠화재 하면 걱정인형이다. 서울숲 가을 페스티벌을 2년간 지속적으로 후원한 유일한 기업이다. 페스티벌에는 항상 걱정인형이 등장해서 아이들과 즐거운 시간을 보내곤 했다. 나도 탈바가지를 쓰고 반나절 정도 봉사 활동을 했었는데, 잡초 제거보다 더 힘든 봉사 활동 중 하나였다. 메리츠화재와는 서울숲 이외에도 강동구에 위치한 경생원의 아이들과 함께 3년간 옥상 텃밭 프로그램을 운영하였다. 직접 흙을 옥상으로 옮겨 텃밭을 조성하고, 아이들과 함께 수확하고 벽화를 그리기도 하였다. 이 활동을 정말 사랑했던 메리츠화재의 조선명 대리가 있었는데, 서울그린트러스트 파트너십 활동 3년차에 출산 휴가를 가게 되었다. 그 후 메리츠화재와의 인연은 오래 가지 못하였다. 물론 기업의 사회공헌 방향이 변하기도 하였지만, 애정을 가진 한 사람의 파트너가 얼마나 소중한지를 느낄 수 있었다.

서울숲 축제에 참
여하고 있는 메리
츠화재의 걱정인형

현대홈쇼핑 -
창립 기념 나무 심기

도시에서 나무를 심는 일은 기후변화와 도시 열섬 문제가 사회적으로 부각되면서 큰 관심을 받게 되었다. 현대홈쇼핑은 창립 기념일에 나무 심기 행사를 하고, 사무실에서는 그린 오피스 운동을 하기로 방향이 정해지면서, 서울그린트러스트와 파트너십을 맺게 된다. 1년에 한번씩 300~400명이 참여하는 행사로 단일 규모의 나무 심기 행사로는 대규모이다. 전례가 없던 경우라 도시에서 그 정도의 공간을 찾기가 매우 힘들었다. 어렵게 산림청 서울국유림의 도움을 받아 부지를 구하게 되어 2009년 첫 번째 행사를 가졌다. 2010년에는 북서울꿈의숲 산림지역에 새로운 땅을 확보할 수 있었다. 기업에서는 더 많은 임직원과 고객이 참여하길 원했지만, 대상지는 늘 비좁고 식재 수량은 제한적이었다. 또한 산림지역의 식재는 사후 관리가 큰 문제였다. 2011년, 2012년에는 강동구와 함께 별도로 진행하였고 2013년 봄, 다시 만나게 되었다. 3년 만의 만남이 새로운 파트너십으로 발전할 수 있기를 기대해보게 된다. 이 과정을 통해서, 기업 모금 담당자는 프로젝트가 끊어졌더라도 기업 담당자와의 관계를 지속하는 것이 매우 중요함을 배울 수 있었다.

KB금융의
숲교육센터

2011년 2월 제주도의 한 통나무집에서 열띤 토론이 개최되었다. KB금융에서 사회공헌 기금을 모아 네 개의 빅 프로젝트를 공모한다는 것이었다. 우리는 두 가지 프로젝트를 준비하였다. 하나는 서울숲에서 청소년 프로그램을 본격적으로 시작하는 것이었고, 다른 하나는 항동에 조성하는 푸른수목원에 캠핑장 관리동을 기부하는 것이었다. 두 가지를 모두 제안했지만 결국 빅 프로젝트 성격에 맞게 푸른수목원으로 결정되었다. 이 대형 사회공헌 사업은 여러 환경단체들이 지원하였는데, 상대적으로 작은 규모인 서울그린트러스트가 선정되었다. 이 일로 도대체 서울그린트러스트의 장점이 무엇인지 궁금증을 갖기도 하였다. 그러나 막상 시작하면서 우리는 역대 가장 어려운 기업 사회공헌 프로젝트를 하게 되었음을 깨달았다. 첫 번째는 서울시의 계획이 중간에 바뀌게 되었다는 점이다. 주민들의 요구로 캠핑장이 무산되고, 대신 온실로 계획이 변경된 것이다. KB금융

●
푸른수목원의 KB
숲교육센터

은 당시 캠핑 문화를 기업 홍보와 사회공헌에 접목시키고 있던 시기로, 계획 변경은 자칫 프로젝트의 취소로 이어질 수 있었다. KB금융의 이해와 서울시의 합의로 다시 프로젝트는 재개될 수 있었다. 두 번째는 나무만 심던 우리가 처음으로 건축으로 사업 영역을 확장했다는 점이다. 기본적인 프로세스는 동일하지만, 우리가 예상했던 것보다 훨씬 어려움이 많았다. 세 번째는 계획 변경으로 인해 사업기간이 두 배 이상 길어졌다는 점이다. 마지막 문제로는 온실을 조성하여 기부채납하는 과정에서 불거진 명명권Name Right의 문제, 즉 숲교육센터라는 명칭에 KB를 표기하지 못하는 점이었다. 많은 어려움을 겪고 나서 KB숲교육센터라는 이름으로 오픈하기는 했지만, 그 과정에서 우리는 후원기업과의 신뢰에 큰 상처를 입을 수밖에 없었다. 작지만 전체를 총괄하는 우리동네숲과 달리, 도시공원 내에 시설물이나 공간을 후원하는 일은 추진 주체인 서울시의 일정과 계획에 매달릴 수밖에 없는 한계를 가지고 있다. 이제 KB숲교육센터는 조성 이후 프로그램 운영예산을 확보하는 것이 중요한 관건이다. 어떤 시설이나 공간이든 조성은 시작에 불과하고 그 시설과 공간을 얼마나 가치 있게 운영하느냐에 따라 좋은 시설도 방치될 수 있고 조금 부족하지만 몇 배 값어치 있는 공간으로 만들어갈 수 있기 때문이다.

유한킴벌리와의 10년간의 파트너십
- 우리 동네 푸르게 푸르게

우리나라 숲 운동의 역사에서 유한킴벌리를 빼고는 얘기할 수가 없다. 생명의숲 창립에서부터, 동북아산림포럼, 평화의숲, 생태산촌만들기모임, 유엔평화대학 등 숲과 관련한 수많은 단체들이 유한킴벌리의 도움으로 태어났다. 서울그린트러스트 역시 초기 탄생을 비롯해 어려움이 있을 때마다 유한킴벌리가 항상 든든한 후원자의 역할을 해왔다.

2003~2005년은 서울그린비전2020을 만들고, 서울숲 조성에 앞장서 왔고 총 6,000평의 숲 조성에 기여하였다. 2005~2007년은 서울숲사랑모임의 주 후원자로 서울숲 운영 초기의 어려움을 이겨내는 데 결정적인 기여를 하였다. 2007~2011년은 우리동네숲 사업을 지속적으로 후원하였고, 2011년은 우리 동네 푸르게 푸르게 캠페인을 함께 하였다. 2012년은 우리동네 그린웨이 스타 프로젝트 지원을 통해 동네숲의 공동체 운동에 이바지하였고, 2013년에는 한강숲 가꾸기 캠페인을 함께 하고 있다.

유한킴벌리는 10년 동안 서울그린트러스트와 함께 스스로 사회공헌을 하였을 뿐만 아니라, 재단의 운영에도 많은 자문을 하였고 새로운 후원자와 파트너

●
유한킴벌리의 '그린 캠프'에 참가했던 여고생 OB들의 모임

를 견인하는데 중요한 기여를 하였다. 어떤 때는 ISO26000이나 공유 가치 창출 csv과 같은 새로운 의제를 시민단체에도 도입할 것을 제안하는 역할도 마다하지 않았다.

유한킴벌리와 같은 지속적인 사회공헌을 하는 기업은 많지 않다. 우리는 유한킴벌리에 대한 지나친 의존이 자생성을 훼손하는 것을 잘 알고 있었고, 앞서 소개한 것처럼 다양한 파트너를 찾기 위해 노력해왔다.

서울숲 홈커밍데이

사람들이 10년 전의 일을 얼마나 기억하고 있을까? 동문회 자리도 1년에 한번 가기 어려울 텐데, 10년 전의 일을 기억하며 서울숲 조성에 앞장섰던 기업인들이 10년 만에 한자리에 모였다. 서울그린트러스트를 창립한 지 10주년이 되던 2013년 3월 18일 서울숲 커뮤니티센터에서 '서울숲 창립 · 후원기업 · CEO 홈커밍데이'를 열었다. 홈커밍데이는 지난 2002년에서 2005년까지 서울숲 조성에 앞장섰던 기업인과 후원 기업 CEO를 초청하여, 지난 10년을 회고하고 앞으로의 비전과 과제를 함께 공유하기 위해 마련했다. 이날 행사에는 문국현 전 유한킴벌리 사장, 장명국 내일신문 사장, 하영구 한국씨티은행장, 홍현종 GS칼텍스 부사장, 노운하 파나소닉코리아 대표 등 30여명의 기업인과 전문경영인 등이 참석했다. 이날 모임에서는 서울숲 앞에 50층짜리 주상복합건물을 허가함으로써, 공공을 위한 공원이 개인정원처럼 되어버린 현실을 우려하는 목소리도 있었고, 서울숲을 잘 지켜내기 위해서 시민들의 역량을 결집해야 한다는 다짐의 목소리도 있었다. 행사 막바지에는 기업 CEO들이 돌아가면서 서울숲 명예소장을 맡아 서울숲 봉사활동을 하기로 약속하였다. 앞으로 이 모임이 뉴욕의 센트럴파크 컨서번시와 같이 공원 후원 모임으로 발전할 수 있기를 기대해본다.

서울숲 10주년
홈커밍데이

"서울그린트러스트의 여러 가지 성과 중에서 가장 의미 있는 것 중의 하나는 도시숲과 도시공원 분야와 관련된 의제를 끊임없이 발굴하고 사회화하였다는 점이다. 가끔 반복되거나 느슨한 주제로 개최하기도 하였지만, 매년 심포지엄과 해외 벤치마킹을 중단한 적이 없었다. 의제를 발굴하고 선점하는 일은 내부적으로는 학습의 기회를 만들고, 대외적으로는 시민단체의 존재감을 피력할 수 있으며, 사회적으로는 도시숲·공원의 의제를 한 분야의 것이 아닌 사회적 문제와 과제로 만드는 의미를 가지고 있다. 우리는 의제 발굴을 통해 '어떻게 하면 도시숲·공원 분야의 경계를 넘어 사회와 소통할까'에 많은 심혈을 기울였다."

협력과 연대

여러 단체와 함께 추진한 협력사업
그리고 심포지엄

난지도 골프장의
가족공원화 운동

2001년 녹색서울시민위원회 34인이 고건 시장의 난지도 대중골프장 발표에 항의하며 사퇴하였다. 2009년 오세훈 전 서울시장의 '가족공원 회복' 결정으로 끝이 난 10년에 걸친 난지도 노을공원의 갈등은 이렇게 시작되었다. 서울그린트러스트는 2003년 창립하였기에 초창기 난지골프장의 갈등에 참여하지는 않았지만, 서울그린트러스트가 여러 환경단체의 참여로 만들어지고, 도시공원을 전문으로 하는 단체이다 보니 자연스럽게 창립 이후 주도적인 역할을 하게 된다. 난지도 골프장의 가족공원화 운동을 크게 3기로 구분해서 볼 수 있다.

첫 번째 시기는 1999년부터 2002년까지 노을공원의 갈등이 시작되고, 골프장 공사가 진행되면서 난지골프장 개발 반대운동을 하던 기간이다.

두 번째 시기는 2003년부터 '난지도 골프장의 가족공원화를 위한 시민모임'을 구성하고 새롭게 활동을 시작한 기간이다.

세 번째 시기는 2010년 노을공원 시민모임이 발족하고 자원봉사를 조직하고 노을공원을 가꾸기 위한 현재까지의 노력을 말한다. 노을공원의 강덕희 사무국장의 헌신적인 100개의 숲 만들기는 10년 후 우리에게 색다른 의미와 가치를 만들어 줄 것으로 기대된다.

비록 2009년 가족공원으로 개원된 덕분에 갈등은 종료되었지만, 노을공원에 대한 논의는 아직도 진행형이라고 생각한다. 한창 노을공원에 대한 사회적 갈등이 심화되었을 때 "왜 비싼 비용을 들여 이미 만들어놓은 골프장을 다시 엎어서 공원을 만들려고 하느냐? 골프도 이미 대중화되지 않았는가? 그리고 어차피 노을공원은 주거지와 거리가 멀어서 다른 용도로 활용하기 어렵지 않는가?" 등등의 논리가 한쪽에서 설득력을 가지고 있었다. 결론적으로 우리의 주장대로 모든 시민들이 자유롭게 이용할 수 있는 공공의 열린 공간Public Open Space인 공원으로 결정나기는 했지만, 충분한 사회적 합의과정에 따른 결정이라기보다는 '골프장 개발과 이용자 그룹'과 '공원 회복을 도모하는 시민 그룹'의 갈등 국면에서 초기에는 골프장 그룹이 우세를 점하다가 결국에는 공원 그룹이 이긴 꼴이 되었다는 사실이 늘 마음에 걸린다.

정선이 그토록 아름답게 그렸던 난과 지초가 아름다운 난지도에 무계획적으로 쓰레기를 쌓아올린 인간에게 자연은 다시 10만평의 드넓은 초지를 선물하였다. 난지도는 지금은 사람들에게 잊혀졌지만, 1970~80년대 도시민의 쓰레기에 의지해 살아가던 넝마주의의 처절한 삶의 배경이었고, 박중훈과 최명길이 주연하고 장선우 감독이 메가폰을 잡은 "우묵배미의 사랑"의 배경이기도 하였다. 2002년 월드컵 개최를 계기로 난지도는 다시 월드컵공원으로 재탄생하고 세계에서 가장 높은 쓰레기산인 난지도의 두 언덕은 하늘공원과 노을공원으로 조성되었다. 그러나 훼손과 복원의 과정을 거친 지 불과 10년도 되지 않아, 노을공원에 골프장 개발이 시도되었으며 정부와 서울시는 시민사회의 거센 반대에도 불구하고 골프장 개발업자의 손을 들어주고 말았다. '쓰레기매립장을 골프장으로 만든 게 뭐가 문제냐'라고 질문하는 사람들이 있지만, 난지도가 겪어온 역사적 과정과 시민의 의견을 무시한 의사결정의 과정을 생각하면 이런 생각이 얼마나 가벼운지 알 수 있다.

또한 한 가지 아쉬운 것은 난지도 노을공원은 도시계획과 환경문제에 대한 역사적 교훈을 남길 수 있었는데, 결과에만 연연한 시민운동이 되지 않았나 하는 점이다. 다행히 2010년 노을공원 시민모임이 조직되어 활동하고 있어, 10년간의 노을공원 시민운동의 역사와 가치가 사라지지 않아 다행이다.

●
난지도 골프장 가족
공원화를 위한 광고

그린벨트 지키기 운동과
미집행 도시공원

최근 일몰제의 위기를 맞고 있는 미집행 도시공원이 도시공원 분야의 큰 이슈로 떠오르고 있다. 우리가 아무런 조치나 노력을 취하지 않는다면 중요한 많은 도시공원들이 2020년 일몰제로 인하여 해제될 전망이다. 최근 서울뿐만 아니라 부산, 광주, 수원 등에서 시민사회들이 미집행 도시공원에 대해서 관심을 갖고 모임을 형성하고 있다. 특히 이러한 점들 때문에 2007~2008년에 7개 단체가 진행하였던 그린벨트 지키기 운동은, 비록 오래 지속되지는 못하였지만 관심을 가지고 경험을 공유할 필요가 있다.

그린벨트 지키기 운동은 서울시 녹색서울시민위원회 공모 사업으로 진행되었으며, 컨소시엄 방식으로 총 7개 단체가 참여하였다. 그린벨트는 1971년 산업화와 도시화의 대응 수단으로 제도화 되어 도시의 무분별한 확장을 규제하는 수단으로 역할을 하였다. 그러나 도시의 급속한 팽창과 사유재산권 침해 논란으로 무력화되기 시작하여, 1998년에 개발제한구역제도의 헌법불합치 판결에 따라 정부는 개발제한구역의 대대적인 개편을 진행할 수밖에 없는 상황에 이르렀다. 그로부터 7년 후 2005년의 통계에 따르면 서울의 그린벨트 면적은 6%가 감소하였고, 훼손된 지역의 대부분이 농경지였다. 1998년 당시 약 3,000ha에 달하던 농경지는 2007년 1,500ha 정도로 1/2이 감소하였으며, 이 추세는 계속되어 2012년에는 900ha 미만으로 떨어지게 된다. 그린벨트 문제는 서울그린트러스트 창립 초기부터 관심의 대상이었으며, 여러 차례 태스크포스를 구성하여 그린벨트 트러스트 운동을 시도하였지만, 성과를 만들지 못하였다. 그러던 중 2007년 녹색서울시민위원회 공모 사업에 7개 환경단체가 함께 연대하여 '그린벨트 실태 조사 및 지속가능한 이용과 보전 방안 마련'을 주제로 신청하였고, 그린벨트 운동에 대한 재정을 확보할 수 있게 되었다.

총 6차례에 걸친 릴레이 워크숍이 진행되었으며, 서울시립대 이경재, 한봉호 교수팀에서 서울시 그린벨트 실태 조사를 맡아주었다. 그 결과물로 각 구별 그린벨트 현황 지도를 만들고 그린벨트의 훼손 현황을 분석해주었으며, 지역 환경단체들이 지역별로 현장 조사와 주민 인터뷰를 진행하였다. 북한산초등학교 어린이들과 함께 그린벨트 캠프도 개최하고, 지역행사도 함께 준비하였다. 당시 그린벨트 실태 조사에서 우리가 찾은 가장 중요한 결론은 '숲과 도시가 만나는 경계부에 띠처럼 자리 잡은 농경지의 보전'이었다. 농경지는 서울의 그린벨트에서 면적은 5%에 불과하지만 중요도는 전체 숲과 견줄 만하다. 정부와 지자체 그리고 민간 개발업자들의 개발 욕구가 가장 강한 곳이고, 생태적으로도 경계부에 위치하여 이곳이 개발될 때에 산림생태계에 미치는 영향도 크다. 뿐만 아니라 도시민에게는 산사태 등의 위험이 예상되기 때문이다. 그 결과를 서울시와 언론에 호소하였지만, 큰 호응을 얻지 못하였다. 최근 도시농업에 대한 사회적 관심이 커지고 있으며, 미집행 공원에 대한 공공의 위기 의식도 커지고 있는 바 그린벨트에 대한 새로운 접근과 모색이 2007년 당시보다 좀 더 효과적일 수 있을 것이다. 미집행 도시공원과 관련한 고민을 가진 사람들은 꼭 한번 당시의 조사결과를 읽어보길 권한다.

도시숲아카데미

2007년 도시숲 시민참여의 역사가 축적되면서 리더십을 키우기 위한 아카데미 개최를 몇 차례 시도하다가 드디어 기회가 왔다. LH(당시 한국토지공사)의 초록사회 기금 지원 공모에 서울그린트러스트와 신구대 식물원, 분당환경시민의모임, 한국환경교육네트워크KEEN 등이 컨소시엄으로 지원하여 예산을 확보할 수 있었다. 이 예산을 확보하기 위하여 신구대 식물원 회의실에서 조찬회의를 수차례 개최하면서 먹은 컵라면의 숫자도 기록에 남길 만하다.

이전까지 우리 도시숲 운동에서의 교육은 주로 자원활동가를 양성하는 교육에 치중하여 왔다. 각 단체별로 좋은 강사와 커리큘럼을 구성하여 헌신적인 자원활동가를 키우거나 상근활동가를 육성하여 왔다. 그러나 도시숲·도시공원 운동의 영역이 확대되고 활발해지면서 중간 리더 양성에 대한 필요성이 절실해졌기에 도시숲아카데미가 출발하게 되었다. 재원을 확보하는 것도, 필요성을 인식하는 것도 쉽지 않은 작업이었다. 정부와 기업에도 몇 차례 제안서를 제출하고 만나보았지만, 아직 중간 리더를 키우는 데 재정적인 지원을 할 후원자를 찾기는 어려웠다. 지금은 정부와 자치단체뿐만 아니라 아름다운 재단과 같은 민간재단에서도 중간 리더를 키우는 일에 재정적 지원을 하고 있지만, 2007년 당시만 하더라도 보편적이지 않았다.

또한 서울그린트러스트가 컨소시엄의 대표 단체가 되면서, 재단 성격상 초록사회기금에서 지원받을 수 없다는 논란에 휘둘리면서 제안한 전체 예산의 일부만 지원받을 수 있었다. 우여곡절 끝에 진행될 수 있었지만, 지금 회고하면 2007년 도시숲아카데미가 우리나라 도시숲·도시공원 운동을 한 단계 업그레이드시켜준 것만큼은 분명하다.

2007년 도시숲아카데미는 제1기 도시숲 리더 양성과정을 수행하면서 동시에 도시숲 리더 양성과정 그 자체를 개발하는 것을 목표로 하였다. 6개월간 진행된 과정에 30여명의 도시숲 단체 리더 및 차세대 리더, 전문가 그리고 행정가가 참여하였는데, 교육생 스스로가 도시숲 리더의 비전과 미션을 발굴해야하는 것은 1기 참여자로서의 숙명이기도 했다. 10회에 걸친 워크숍과 일주일간의 일본 도시숲 대장정 속에서 우리는 많은 것을 정리해낼 수 있었다. 2007 도시숲아카데미의 가장 의미있는 성과는 PVCFI라는 지표 개발이었다. 이후 여러 연구에서 인용되기도 하고, 도시숲 운동의 핵심적인 방법론으로 인식되었다. PVCFI라는 지표는 기초적인 현황 진단을 토대로 개발되었으며 "도시숲 운영 관리 성패에 영향을 주는 요소들을 모아보았더니 프로그램program, 자원활동가volunteer, 소통·홍보 communication, 기금 모금fund raising, 제도와 법institute으로 정리할 수 있었다. 이 요소들의 영문 약자가 PVCFI인데, 분야별 세부 지표 초안이 작성되어 국내 20여개 사례에 대한 현황 진단을 시도하였다.

도시숲아카데미는 2009년도에 1기 참여 단체의 중간 리더를 대상으로 제2기 도시숲 리더 양성과정으로 다시 한번 진행되었다. 산림청의 녹색자금의 지원을 받아 추진되었지만, 1기에 비하여 열정과 에너지가 많이 식었다는 평가를 받고 있다. 이유는 여러 가지가 있겠지만, 아직은 매년 혹은 격년으로 과정을 진행할 만한 리더들의 숫자가 충분하지 않았다라는 현실적인 평가를 할 수 있을 것이다. 이후 도시숲아카데미는 서울그린트러스트 자체적으로 서울숲에서 변형된 형태로 계속 진행되었다. 겨울 휴식기 동안 매년 주제를 가지고 진행되었으며, 2011년에는 도시숲 문화기획자 과정을 개설하기도 하였다. 참고를 위해 연도별 과정을 정리하면, 2007년 '제1기 도시숲 리더 양성과정 - 도시숲 리더 양성 프로그램의 개발', 2008년 '도시숲과 청소년', 2009년 '제2기 도시숲 리더 양성과정 - 도시숲 중간 리더 그룹의 교육 훈련', 2010년 '도시숲과 건강', 2010년 '도시숲 콘서트(생명의숲과 공동 개최)', 2011년 '도시숲 문화기획자 과정 / 도시숲 콘서트(생명의숲과 공동 주최)' 등이었다.

SOS 캠페인

또 한 가지 기억에 남는 연대 활동은 동국대학교 오충현 교수와 생명의숲과 함께 2008년에 진행한 SOS 캠페인이다. 2007년 인도네시아 발리에서 기후변화 회의가 개최되고, 기후변화 대응 교토협약 체제를 어떻게 발전시킬 것인가에 대한 논의가 있었다. 선진국과 개도국의 갈등으로 끝이 난 이 회의를 전후로 한국에서 기후변화에 대한 관심과 논의가 활발하였다. 그러나 일반 시민에게 기후변화는 20년 후 섬이 가라앉는 투발루와 같은 먼 나라 얘기이지, 생활 속의 의제가 되지 못하였다. 그래서 기획된 사업이 서울의 도시 열섬을 체감하는 SOSSAVE OUR

SEOUL 캠페인이었다. 동국대 오충현 교수 연구실과 학부 학생들이 참여했고, 생명의숲과 서울그린트러스트 상근활동가들이 함께 하였다. 1차 조사에서는 시가지역, 주거지역, 산림지역, 공원지역 등 4가지 도시 생태 유형별로 3개의 사례지를 오전 10시부터 오후 3시까지 각 시간대별로 평균 온도를 조사하였다. 2인 1조로 12개 팀이 구성되어서 조사에 착수하였다. 그리고 우리는 놀라운 결과를 보게 되었다. 2008년 7월 22일 기상청에서는 그날 최고온도를 29℃로 발표하였지만, 우리가 측정한 시가화 지역은 오후 2시 38.3℃까지 치솟았다. 기상청에서 측정한 자료는 대부분 학교나 공원 등으로 도심에서는 상대적으로 시원한 장소이기 때문이다. 기온이 40℃ 이상 오르면 얼마든지 시민들의 생활공간에서는 50℃까지 오를 수 있다. 50℃는 사막을 의미한다.

7월에 도시 생태 유형별 여름철 최고온도를 비교했다면, 8월에는 가로수를 집중적으로 조사하였다. 왜냐하면 당시에 중구청 등에서 양버즘나무(플라타너스)를 베고, 소나무 가로수를 심기 시작하였기 때문이다. 소나무 가로수는 나무의 모양樹形은 멋지지만, 수관이 작고 그늘을 많이 주지 못한다. 반면 양버즘나무는 잎이 크고 나무의 볼륨이 크기 때문에 한여름에도 양버즘나무 그늘에 있으면 시원함을 느낄 수 있다. 유럽이나 북미의 도시에 가면 울창한 가로수의 상당수가 양버즘나무이다. 문제는 관리를 제대로 하느냐에 따라 서울과 프랑스에서 경관적인 가치가 다른 것이다. 시청 앞의 가로수 녹음이 풍부한 거리와 광장, 을지로의 양버즘나무 가로수와 소나무 가로수 거리, 도곡동 EBS 앞의 오래된 2열 가로수 거리와 최근 조성한 1열 가로수 거리를 비교한 결과 모두 최고온도가 8℃ 정도 차이를 보였다.

SOS 캠페인은 직접 활동가와 시민 자원봉사자가 함께 참여해서, 기후변화와 도시 열섬의 심각성을 느낄 수 있는 체험형 캠페인이었으며, 이 결과로 서울그린트러스트는 3~4년간 지속적으로 도시 열섬과 기후변화에 대한 연구 사업을 추진하게 되었다.

활동가와 자원봉사
자가 함께 펼쳐나간
'SOS 캠페인'

도시숲·공원 의제를
이끌다

서울그린트러스트의 여러 가지 성과 중에서 가장 의미 있는 것 중의 하나는 도시숲과 도시공원 분야와 관련된 의제Agenda를 끊임없이 발굴하고 사회화하였다는 점이다. 가끔 반복되거나 느슨한 주제로 개최하기도 하였지만, 매년 심포지엄과 해외 벤치마킹을 중단한 적이 없었다. 의제를 발굴하고 선점하는 일은 특히 시민사회단체에게 매우 중요한 일이다. 내부적으로는 항상 학습의 기회를 만들고, 대외적으로는 시민단체의 존재감을 피력할 수 있으며, 사회적으로는 도시숲·공원의 의제를 한 분야의 것이 아닌 사회적 문제와 과제로 만드는 의미를 가지고 있다. 서울그린트러스트에서 매년 발굴한 의제들은 '어떻게 하면 도시숲·공원 분야의 경계를 넘어 사회와 소통할까' 에 많은 심혈을 기울였다. 아래에서 관련된 주요 행사들을 살펴보고자 한다.

2003년 3월 18일 - 서울그린트러스트 협약식
2003년 서울그린트러스트 창립에 앞서 서울그린트러스트 설명회 및 협약식을 개최하였다.

2003년 9월 19일 - 숲이 있는 아름다운 도시를 위한 국제심포지엄
첫 번째 심포지엄은 '도시숲의 확대와 시민참여 방안' 을 주제로 정하였다. 1부는 국내의 도시숲 전문가의 발표와 시민참여 전문가의 토론을 진행하였으며, 2부는 서울시의 생활권녹지면적 확대, 영국의 도시숲 조성 사례, 일본의 가나가와 거버넌스 사례를 공유하였다. 영국의 도시숲 사례는 2000년 새로운 천년을 맞아 영국에서 복권 기금으로 시작한 내셔널 어반 포레스트 유닛National Urban Forest Unit의 사무총장인 너리스 존스Nerys Jones 씨를 초청하여 '블랙 컨츄리 도시숲Black Country Urban Forest' 의 사례를 공부하였다. 너리스 존스 씨는 2008년에도 도시 열섬과 관련하여 다시 초청하는 기회를 가질 수 있었다. 일본의 사례로는 가나가와 현의 담당 공무원을 초청하여 가나가와 트러스트 녹색재단에 대한 사례를 학습하였다. 가나가와 트러스트 녹색재단의 운영 체계는 서울그린트러스트 운영 체계를 만드는 데 직접적인 영향을 주었다.

2004년 4월 1일 - 뉴욕, 밴쿠버 초청 '숲+도시' 국제심포지엄

제2회 심포지엄은 서울숲이 본격적으로 조성되는 과정 속에서 진행되었다. 서울숲의 모델이 되었던 뉴욕 센트럴파크를 담당하고 있는 교포 1.5세대인 뉴욕 공원휴양국 맨해튼 운영과장인 윤남식 씨 부부를 초청하였으며, 밴쿠버 시에서 30여 년간 공원 분야 시민참여와 거버넌스 정책을 담당하였던 리처드 한킨Richard A. Hankin 씨를 초청하였다. 센트럴파크의 사례는 2003년부터 시작하여 지속적으로 조사하고 공부하면서 서울숲 공원 운영에 큰 영향을 주었으며, 밴쿠버의 사례는 지금도 자주 인용되고 있는 '시민참여와 거버넌스의 발전 단계'를 학습하는 계기가 되었다. 민관 파트너십은 뉴욕에서는 1980년대, 밴쿠버에서는 1990년대에 시작되었기에, 10년이 지난 시점에서 이들의 발표문을 읽으면 더욱 새로움을 느낄 수 있다.

2006년 11월 30일 - 시민이 함께 만드는 공원 문화

서울그린트러스트 4년차, 서울숲 운영 2년차에 접어들면서 그동안의 서울그린트러스트 운동과 서울숲 시민참여에 대한 정리를 시도한 심포지엄이었다. 문국현 전 대표의 기조강연을 시작으로, 제1부는 '도시숲 트러스트 운동에 대한 진단'을 주제로, 나와 현재 특수법인인 자연환경국민신탁을 이끌고 있는 법제연구원의 전재경 박사의 발표가 있었다. 제2부에서는 서울숲(이근향), 고덕수변생태공원(민성환), 광주푸른길(이경희)의 시민참여 사례, 그리고 도시숲·공원 해설 자원봉사와 시민참여의 의미에 대해 오충현 교수의 발표가 있었다. 제3부에서는 '새로운 공원 문화 운동의 비전'을 주제로 하여 추계예술대학 박은실 교수의

2006년도에 열린
서울 그린웨이
국제워크숍

'국내외 다양한 공원 문화 운동의 시도', 신구대 김인호 교수의 '도시숲 아카데미를 통한 인적 자원 역량 강화 방안', 서울대 성종상 교수의 '변화하는 도시, 진화하는 공원'이라는 주제의 발표가 있었다. 당시의 도시숲, 도시공원 시민운동을 총망라했다는 의미와 앞으로 우리가 가져가야할 방향에 대해 논의하는 진지한 시간을 가졌다. 당시 은행회관 강당에 300여명이 빼곡하게 들어서 도시숲, 도시공원 시민참여에 대한 열기를 느낄 수 있었다.

2006년도에는 서울대 김기호 교수와 문국현 전 이사장의 저서 『도시의 경쟁력, 그린웨이』 출간을 기념한 심포지엄 '서울 그린웨이 국제워크숍'과 성종상 교수가 중심이 되어 추진한 '서울그린비전2020 실천전략' 연구 사업에 대한 세미나도 개최되었으니, 2006년은 심포지엄의 해라고 불릴 만하였다.

2007년 11월 1일 - 그린벨트의 지속가능한 이용과 보전 방안
2007년 7개 단체가 함께 벌인 그린벨트 실태 조사의 결과를 바탕으로 토론회가 개최되었다. 마침 서울시립대 이경재 교수 팀에서 베를린 도시발전국의 브란들

Heinz Brandle 과장을 초청하여 베를린의 도시녹지 체계와 서울의 그린벨트를 비교하는 토론회를 가졌다. 이 토론회의 결과로 제안된 것이 최근 논의되고 있는 미집행 공원에 도시농업공원을 조성하는 것이었으니 많이 앞서간 논의였다고 평가해도 좋을 것이다.

2008년은 서울에서 심포지엄을 개최하지 않고, 미국 피츠버그에서 열린 세계 도시공원 컨퍼런스에 참가하여, 서울의 도시공원 정책 및 시민운동을 북미의 행정가와 운동가들과 교류하는 기회를 가졌다.

2009년 9월 20일 - 도시 열섬 현상과 도시숲의 역할

2003년 초청하였던 너리스 존스(NUFU 전 사무총장)를 통해 환경운동가인 그의 남편 크리스 바인스Chris Baines 교수를 초청하여, 영국의 도시 열섬 대응 정책과 도시숲의 역할에 대해, 미국 뉴욕시 공원휴양국의 윤남식 과장을 초청하여 뉴욕시의 새로운 도시 전략인 plaNYC와 도시숲의 역할에 대하여 공유하였다. 1년간 우리와 함께 서울의 도시 열섬 현상과 대응 전략을 연구하였던 동국대 오충현 교수의 발표와 함께 기후에너지 전문가, 산림 전문가가 모여 도시 열섬 대응 전략을 논의하였다. 발표자료 외에도 도시 열섬과 관련된 토론토의 대응전략 등 당시 연구되고 발표된 자료들은 여전히 현재 시점에도 유효한 내용들이다. 2009년에 2003~2004년도에 초청하였던 해외 전문가를 다시 부르게 된 것은 울산광역시에서 울산그린트러스트를 창립하면서 마련한 국제심포지엄의 개최를 우리가 준비했기 때문이다.

2010년 11월 3일 - 2010 생활녹화경진대회 및 토론회

2010년은 서울그린트러스트가 공동체 운동과 결합하면서, 토론회의 주제가 좀 더 시민의 일상으로 접근하게 되었다. 특히 2009년부터 시작된 도시농업 사업의 성과를 바탕으로 당시에 참여한 시민들과 함께 경진대회 및 토론회를 개최하였다. 토론회는 서울대학교 안명준 연구원의 '생산공원Productive

Park과 공공정원Public Garden으로의 가능성'이란 기조발표를 들은 후, 참석자들이 도시농업을 통한 도시녹화의 확장가능성에 대해 논의하는 순서로 진행되었다.

2011년 12월 13일 - 도시숲·공원·텃밭, 공동체를 품다

2011년의 주제는 도시숲, 도시공원, 도시농업이 도시공동체 운동과 어떻게 결합하고 움직이는지 그 구체적인 사례를 바탕으로 논의가 전개되었다. 1부에서는 도시숲·도시공원에서의 공동체의 만남에 대하여(서울숲, 수수동 국화동아리, 성미산, 학교숲), 2부에서는 도시텃밭과 공동체 운동에 대한(이웃랄랄라, 그린플러스, 문래도시텃밭, 인천도시농업네트워크) 사례 발표가 진행되었다. 처음으로 토크쇼 방식의 토론회가 진행된 해이기도 하다.

2012년 8월 22~24일 - 환태평양 커뮤니티 디자인 네트워크 국제회의: 그린 커뮤니티 디자인

8월 22일부터 24일까지 환태평양 커뮤니티 디자인 네트워크 국제회의Pacific Rim Community Design Network Conference가 코엑스에서 열렸다. 환태평양 커뮤니티 디자인 네트워크 국제회의는 1998년에 시작된 국제 행사로 공간 환경 분야에서의 시대적 변화를 커뮤니티 관점에서 조망하고 새로운 실천 방향을 모색하는 것을 목적으로 하고 있다. 서울회의가 8회째로 서울그린트러스트가 서울시, 도시연대와 함께 주관을 하였다. 회의의 주제는 '그린 커뮤니티 디자인'으로 오늘날 우리 시대의 과제이자 도전인 '도시를 구성하는 생태계와 거주자인 시민의 조화로운 삶'이 심도 있게 다루어졌다. 첫째 날은 개회식과 함께 서울시 마을공동체위원장인 조한혜정 연세대학교 교수, 이재준 수원시 부시장, 환경계획가 랜돌프 헤스터Randolph Hester 버클리대 교수의 기조 연설이 있었으며, 최광빈 서울시 공원녹지국장, 제프 휴 워싱턴 대학교 교수, 안드레이시버 오스트리아 클라겐푸르트 대학교 교수, 츠토무 시케무라 일본 가나자와 대학교 교수, 존 류 대만대학교 교수, 이영범 경기대학교 교수 등의 주제 발표가 진행되었다.

다양한 시민들의
집단지성을 모으
는 작업으로 진행
된 '녹색공유도시
캠페인 100'

둘째 날은 서울대학교 환경대학원에서 그린 커뮤니티 디자인과 관련된 8가지
이슈에 대한 사례와 연구 발표가 이루어졌다. 미국, 대만, 일본 등 국외 41건, 국
내 36건의 발표로 그린 커뮤니티 디자인에 대한 지식과 경험을 공유하는 자리가
되었으며, 근래 회자되는 국내의 다양한 실험적 사례를 한자리에서 접할 수 있
는 좋은 기회가 되었다. 셋째 날은 마을만들기의 성공사례로 이야기되는 성미산
과 한창 도시농업이 진행되고 있는 노들텃밭 등 4개 코스의 투어 프로그램이 진
행된 후, 마지막으로 서울 회의를 정리하고 미래의 방향을 설정하는 종합 정리
까지 긴 여정을 마쳤다.

2012년 11월 26일 - 녹색공유도시 캠페인 100

2012년은 서울그린트러스트 10주년을 준비하는 의미로, 새로운 캠페인인 녹색
공유도시 캠페인 100을 시작하였다. 그 첫 번째 행사로 기존의 심포지엄이나 토
론회 형식을 벗어나 다양한 영역의 시민들이 모여 20개의 테이블에서 녹색공유
도시에 대한 집단지성을 모으는 작업을 진행하였다.

"2008년 봄 어느 날, 서울의 한 최고급 호텔 프런트에서 연락이 왔다. 피츠버그에서 온 한 미국분이 한국 공원의 컨서번시를 만나고 싶다는 것이다. 서울에서 딸이 원어민 영어교사로 일하고 있는데, 딸도 보고 한국 구경도 할 겸 방문하였다고 한다. 일종의 효도관광인 셈이었다. 며칠 후 서울숲으로 나이 지긋한 푸근한 엄마의 모습을 가진 맥 쉬버라는 여성이 방문하였다. 2시간 정도 서울숲을 방문하고 우리 활동을 들은 후, 피츠버그에서 세계도시공원 컨퍼런스가 개최되는데 올 생각이 없냐고 물어보았다. …… 우리는 별도로 서울 세션을 준비하기로 하고, 7명의 참가단을 꾸려 철강의 도시 피츠버그에 도착하였다."

배워서
남 주나

서울그린트러스트의
해외 사례 벤치마킹

민관 파트너십과
민간 위탁의 차이

2009년 서울숲사랑모임은 커다란 위기를 맞게 된다. 민간 위탁에 대한 제도에 따르면 한 단체가 3년 이상 위탁 사업을 받지 못하도록 되어있다는 것이다. 파트너십에 근거하여 50% 이상 시민 모금으로 사업을 진행하였음에도 불구하고 민간 위탁금을 지원받았기에 불가피하다는 것이었다. 결국 파트너의 지위를 버리고 서울숲 프로그램 운영 위탁자로서 공개경쟁을 하여 서울숲 운영에 참여하게 되었다. 이때부터 서울그린트러스트는 서울시가 지원하는 위탁 사업을 제대로 수행만 하면 그 법적인 책임을 다하게 되는 위치로 바뀌고 말았다. 시민사회의 반대에도 불구하고 제도적 한계로 인해 파트너십에서 민간 위탁으로 전환된 일은 지금도 두고두고 후회하는 사건이다.

매칭펀드에 기반한 민간 파트너십과는 달리 민간 위탁자는 자원봉사자를 열심히 모을 이유도 없고, 모금을 열심히 해야 할 이유도 사라진다. 물론 서울시의 지원금이 인건비를 제외한 사업비만 있기 때문에 오히려 재정적인 상황은 더욱 나빠지게 되었다. 이런 조건에서 서울숲의 훌륭한 자원활동가들이 도움을 필요로 하지 않는, 자율성을 상실한 서울숲사랑모임과 함께할 의지가 줄어들게 되면서, 많은 이들이 유급 숲 해설가 활동으로 옮겨가게 되었다.

2011년 시민참여와 파트너십의 중요성을 잘 알고 있는 새로운 시장이 취임하면서 서울숲의 민관 파트너십 여건도 달라지고 있으나, 한번 무너진 시민참여와 자원봉사 시스템을 복원하는 일은 많은 시간이 요구된다.

서울그린트러스트는 다양한 해외 사례 답사를 통해 그 사례에 담겨 있는 핵심적 가치를 국내에 적용하기 위해 노력해왔다. 사진은 런던 그라운드 워크 트러스트에서 시민참여로 복원한 워터루 밀레니엄 그린(Waterloo Millenium Green)

미국은 뉴욕 센트럴파크가 1960~70년대 심하게 훼손되면서 1980년 센트럴파크 컨서번시가 조직되었고, 2009년 현재 1,800개의 공원 중 800개의 공원에 컨서번시conservancy, 프렌드십friendship, 얼라이언스alliance 같은 이름의 시민참여 조직이 있다. 뉴욕시는 센트럴파크 컨서번시의 경험을 바탕으로 시민참여 조직이 공원 운영에 얼마나 중요한 기여를 하는지 깨닫고, 모든 공원에 이런 모임이 활성화되도록 지원하고 있다. 뉴욕뿐만 아니라 미국의 모든 도시공원을 찾아가면 시민 조직을 만날 수 있다. 영국은 세계적인 자연문화유산 보전단체인 내셔널 트러스트National Trust의 정신이 여러 도시공원에 영향을 미쳐 공원마다 트러스트라는 명칭의 단체가 많이 있다. 특히 1980년대 시작된 그라운드 워크 트러스트Ground Work Trust는 영국 정부가 나서서 민간 트러스트를 일으켜서 방치된 토지를 녹화하고 지역을 재생하는 사회운동으로 발전했으며, 지금은 전국에 49개의 그라운드 워크 트러스트로 발전하였다. 일본의 경우에는 다양한 공원 자원봉사 시스템이 발달한 가운데, 2003년 고이즈미 정부시절에 심각한 정부 부채로 인하여, 공원을 포함한 공공시설에 대하여 지정관리자 제도를 도입하여 민간 위탁을 활성화하고 있다.

이처럼 선진국의 많은 국가와 도시에서 도시공원 운영의 시민참여 활성화가 발전한 것은 그 배경이 서로 다르긴 하지만, 사회가 성숙됨에 따라 나타나는 하나의 큰 흐름으로 볼 수 있다. 우리 도시가 아직 이런 시민참여 시스템이 발전하지 못하고 있는 것은 도시공원과 관련한 시민사회의 역사가 짧기도 하고, 그 필요성에 대한 사회적 합의가 부족하고, 행정의 이해가 부족하기 때문이기도 하다. 하지만 최근 부산, 수원 등 전국의 대도시를 중심으로 그린트러스트 운동과 광주푸른길, 청주두꺼비생태공원 등에서 도시공원 시민참여 운동이 활발하게 진행되고 있어 우리나라만의 독특한 사회운동으로 발전할 것을 기대해도 좋을 것이다. 지자체의 재정 여건이 최악의 상황이고 경제 성장도 크게 둔화되고 있지만, 사회적 경제의 중요성이 강조되고 마을만들기와 같은 공동체 운동이 활발해지고 있는 것 또한 현실이다. 지금은 선진 도시들의 흐름들을 잘 이해하고,

우리의 위치가 어디에 있는지 분석하여 보다 발전된 시민참여와 민관 파트너십을 준비해야 할 때이다. 유럽, 일본, 미국 등 다양한 국가와 도시에서 도시숲·도시공원 시민참여 운동이 발전해왔고, 여러 도시들을 벤치마킹했지만, 서울그린트러스트에게는 유난히 센트럴파크와 북미의 사례가 많은 영감을 주었다.

센트럴파크 답사는 이근향 전 사무국장의 원고가 별도로 실리기에 여기서는 피츠버그 세계도시공원 컨퍼런스 이야기만 수록하고자 한다.

> *"서울그린트러스트는 우리나라에서 도시공원과 관련하여 가장 많은 벤치마킹을 한 단체입니다. 매년 해외의 선진적인 사례를 발굴하고 배워서, 국내에 적용해왔죠. 다른 것은 몰라도, 이것만은 우리 사회가 인정해 줘야 합니다."* - 김선희 전문위원(서울특별시의회 환경수자원위원회)

피츠버그 세계도시공원 컨퍼런스 'Body & Soul'

2008년 봄 어느 날, 서울의 한 최고급 호텔 프런트에서 연락이 왔다. 피츠버그에서 온 한 미국분이 한국 공원의 컨서번시를 만나고 싶다는 것이다. 서울에서 딸이 원어민 영어교사로 일하고 있는데, 딸도 보고 한국 구경도 할 겸 방문하였다고 한다. 일종의 효도관광인 셈이었다. 며칠 후 서울숲으로 나이 지긋한 푸근한 엄마의 모습을 가진 맥 쉬버Meg Cheever라는 여성이 방문하였다. 2시간 정도 서울숲을 방문하고 우리 활동을 들은 후, 피츠버그에서 세계도시공원 컨퍼런스가 개최되는데 올 생각이 없냐고 물어보았다. 등록비 정도는 자기가 지원해줄 수 있다고까지 제안하였다. 서슴없이 오케이, 그 뒤로 일사천리로 준비하였고, 마침 한국씨티은행에서 출장비의 일부를 지원해주었다. 우리는 별도로 서울 세션을 준비하기로 하고, 참가단으로 당시 서울시 푸른도시국장인 안

●
피츠버그 세계도시공원
컨퍼런스에서 서울 세
션 발제를 맡은 참가단

승일 국장, 유영봉 팀장, 녹색서울시민위원회 양장일 사무처장, 서울숲 설계자
인 동심원의 안계동 소장, 그리고 서울그린트러스트의 양병이 이사장, 조경진
이사, 나 이렇게 해서 7명의 참가단을 구성하였다. 출발하는 날 비행기가 연착
되는 바람에 하루는 인천의 여관에서 단합대회를 하고, 20세기를 주름잡았던
철강의 도시 피츠버그에 도착하였다.

　다음날 개회식, 500여 명이 가득 찬 호텔 연회장을 보면서 기가 죽을 수밖에
없었다. 매일 아침 일찍 일어나는 새들을 위한 프로그램Early Bird Program으로 도
심의 공원 답사와 해설 프로그램이 진행되었으며, 2박 3일간 수백 개의 발표가
동시에 이루어졌다. 우리는 이 컨퍼런스를 통해서 도시공원이 얼마나 다양한
가치와 의미를 가지고 있으며, 이를 위해 행정과 시민사회가 어떤 노력을 기울

이고 있는지 확인할 수 있었다. 이미 미국은 공원 조성 보다는 공원의 사회적 가치와 기후변화 대응 문제에 집중하고 있었다. 특히 인상적인 발표는 공원과 공동체에 대한 것이었는데, 수관율Rate of Tree Canopy과 연간 이사율, 자원봉사 참여도, 사회적 자본 등 지역 공동체 활성화 요소와 비교한 발표였다. 기후변화 대응과 관련해서도 가로수가 구체적으로 폭염, 홍수, 이산화탄소 흡수 등에 얼마나 기여하고 있고 이를 경제적인 가치로 환산하면 어느 정도인지를 보여주는 작업도 소개되었다. 도시공원을 위한 모금에 대한 육하원칙과 핵심적인 기술을 다루는 워크숍에서, 150년 전 옴스테드를 현대에서 어떻게 읽을 것인지 그 방대한 논의의 파편만 학습했음에도 불구하고 오늘날 서울그린트러스트에 많은 영감과 아이디어를 제공하였다. 서울 세션에서는 서울의 공원 역사, 서울시 공원 정책, 서울의 도시공원 시민운동에 대한 소개와 질의응답이 진행되었다. 발표를 하고나서 깨달은 점은 서울의 공원과 시민운동이 놀라울 정도로 활력 있고 프로그램이나 참여자가 양적으로는 이미 미국의 활동들을 따라잡고 있다는 점이었다.

컨퍼런스에서는 모든 발표 자료를 온라인에 공개하여, 나중에 나와 조경진 교수를 통하여 외국의 학자들과 시민운동가들이 연락을 하게 되어 새로운 네트워크가 형성되기도 하였다. 서울그린트러스트의 보이지 않는 성과 중 하나는 국제 홍보와 네트워킹에 있다. 세계화의 추세를 따라잡는다는 의미도 있지만, 국제적인 연대와 교류는 우리의 활동을 20~30년 혹은 100년 이상의 긴 시간의 호흡으로 바라볼 수 있게 해준다. 우리가 부딪치는 일상의 어려움과 고통이 역사적인 관점에서 바라보면 자연스러운 과정일 수 있다는 것을 이해하는 것은 매우 중요하다. 대학의 전문가들은 학회를 통해서 자연스럽게 국제적인 교류를 하지만, 시민단체와 활동가 간의 국제적인 연대와 교류는 쉽지 않다. 기회가 될 때 활동가들이 모이는 국제회의나 학회에서 자꾸 발표하는 것은 어렵지만 반드시 해야 하는 일이다.

세계 도시들의 공원에 대한
혁신적인 생각들

우리는 서울그린트러스트에서 직접 기획을 하든지, 또는 다른 연구기관이나 사업에 참여하여 거의 매년 다양한 해외 사례를 경험하였다. 센트럴파크 외에도 뉴욕의 여러 다른 공원과 그린웨이 시스템, 밴쿠버의 도시숲과 시민단체들, 독일의 쓰레기 매립지 공원화 사업, 영국의 그라운드 워크 트러스트와 그린 플래그 어워드, 일본의 지정관리자 제도와 홋카이도의 천년의 숲과 가든쇼 등 다양한 사례를 공부하고 그 핵심적 가치를 국내에 적용하기 위해 노력해왔다. 그 중에서도 2010년 미국의 4개 도시를 동시에 방문하면서 급변하고 있는 도시공원의 정치, 사회, 문화 환경에 대해 둘러본 경험이 인상적이었다. 아마도 10년 가까이 활동하는 동안 고민이 더욱 무르익어서 많은 것들을 보고 느끼지 않았나 싶다.

●
국제적인 연대와 교류
는 우리의 활동을 긴 시
간의 호흡으로 바라볼
수 있게 해준다. 사진은
공원의 경계를 허문 시
카고 밀레니엄파크

"도시숲·공원을 공익적인 목적으로 시민참여로 가꿔나가는 일
은 쉽지 않다. 참여를 통해 직접적인 혜택을 기대하기 어렵고, 당
장의 가시적인 성과를 얻기 어렵기 때문이다. 농산촌 지역의 숲과
비교할 때 상대적으로 도시숲·공원의 시민참여가 활성화된 것
도 도시숲은 시민들의 이용이 많고 이해관계가 비교적 분명하기
때문이다. 도시숲·공원의 공익적 가치를 증진하기 위한 시민참
여는 미국, 영국, 일본의 사례를 비교해 보아도 저절로 성장하지
않는다. 지금 당장은 추가적인 비용이 들 수 있지만 '지역의 숲과
공원은 지역사회가 가꾼다'라는 모토 아래 정부와 지자체, 그리
고 시민사회가 적극적으로 노력하고 재정을 투입해야 한다."

시민참여의
길

도시공원 시민참여의 역사와 그 의미

서울그린트러스트는
시민운동단체인가

많은 사람들이 서울그린트러스트의 정체성에 대하여 의문을 갖는다. 과연 너희들은 시민단체인가? "앞에서 보여준 10년의 활동을 읽어본 독자들은 어떻게 생각하십니까?" 과연 서울그린트러스트는 시민단체일까?

정확하게 말하면 민관 파트너십을 바탕으로 하는 시민단체이다. 미국이나 영국에는 파트너십을 추구하거나, 파트너십으로 형성된 단체가 매우 흔하다. 시민단체, 정부, 기업 등이 공동의 목적을 수행하기 위하여 파트너십을 구성한다. 영국의 수많은 지역재생 단체들이 이런 파트너십의 형태를 띠고 있다. 파트너십 단체는 공동의 목적을 달성한 경우 해산할 수도 있고, 아니면 독자적인 단체로 발전하기도 한다. 서울그린트러스트는 후자의 경우이다. 초기 서울숲을 시민참여로 만들고 서울의 녹지를 늘리자는 운동을 생명의숲과 서울시가 기본 파트너가 되어 함께 벌여나갔다. 산림청, 서울시의회, 유한킴벌리, 풀무원, KT 등의 기업도 참여하였고, 한국임학회, 한국조경학회 등의 전문가 단체도 힘을 보탰다. 서울그린트러스트 초기 이사회 구성을 보면 이런 성격이 잘 나타난다. 서울그린트러스트 정관은 창립이사회 구성을 생명의숲 추천 3인, 서울시 추천 3인을 재단 이사회의 기본으로 하고 있다. 그러다 보니 자연스럽게 서울그린트러스트가 반민반관 단체로 보이는 것이다. 그러나 경기농림진흥재단(전 경기녹색문화재단)처럼 경기도가 조례로 법적 근거를 만들고 경기도 예산에서 출자하고 매년 경상비와 사업비를 지원하는 단체와는 근본적인 차이가 있다. 2003년 3월 18일 생명의숲과 서울시 간에 맺었던 서울그린트러스트 협약에는 매칭펀드라는 원칙이 있다. 이 역사적인 협약의 가장 핵심적인 내용일 것이다. 매칭펀드는 공동의 목적사업을 위해 시행정부와 민간이 공동의 재원을 모으는 것이다. 매칭펀드의 원칙은 오늘까지도 계속 이어져 오고 있으며, 파트너십 정신을 가장 구체적으로 표현하는 사례이다.

파트너십은 서로의 신뢰를 바탕으로 하고 있으며, 공동의 목적을 위해 각자가 가지고 있는 자원을 동원하여 그 목적을 달성한다. 그러기에 서로를 부정하는 순간 파트너십은 깨지기 마련이다. 지난 10년 동안 외형적으로는 큰 갈등이 없었지만, 자칫 이 파트너십의 관계가 매우 경직되거나 깨질 위기도 있었다. 파트너십을 유지하는데 어려움을 겪는 것은 파트너가 당사자의 파트너십을 이해하는 온도 차이에서 발생한다. 첫 번째 측면은 민간에서 파트너십에 대한 불편이 존재한다. 행정의 유연하지 못한 사업 추진과 예산 운영은 민간의 자율성과 창의성을 위축시키고, 나아가 시민단체 참여자들을 관료화시킬 수 있다. 서울숲의 경우에도 서울숲사랑모임이 지난 7년간 이런 관료화의 과정을 겪어왔다. 시민단체의 입장에서는 스스로 관료화의 함정에 빠지지 않기 위해 부단한 노력과

내부 투쟁이 필요하다. 서울시나 지자체들이 만든 수많은 재단과 단체가 관료
화의 늪에 빠져, 예산만 축내는 경우가 허다하다. 또 다른 측면은 자유로운 민간
과 함께 해야 하는 행정의 부담이다. 우리나라 정부의 조직과 예산은 유럽이나
미국, 일본에 비하여 매우 경직되어 있고, 창조적인 집행이 어렵게 되어있다. 매
년 시의회, 감사원, 국회에 의해 몇 차례씩 감사를 받고 있으며, 감사의 기준도
사업의 전문성과 내용에 있지 않고, 외형적인 집행 결과에 의존하고 있기 때문
에 민간의 자유로운 논의와 사업 추진에 부담을 갖지 않을 수 없다. 공공에서 한
강에 다리를 놓는 공사를 할 때는 민간 기업에게 이윤까지 보장하며 위탁을 주는
반면, 시민단체에게 공익을 위해 사업을 위탁할 경우 민간단체 경상보조에 대한
법률에 의해 일체의 인건비를 지불하지 못하도록 하는 자기 위선에 빠져있다.

이런 문제를 해결하기 위하여, 서울그린트러스트는 오랫동안 민관 파트너십에 관한 조례를 만들 것을 청원해왔으나, 아직까지 큰 진전이 없다.

또 다른 어려움은 매칭펀드의 기금을 확보하는 것이다. 서울시와의 파트너십이 시민과 기업에 대해 적극적인 신뢰를 형성하기도 하지만, 반대급부로 모금의 필요성에 대한 절실함이 떨어지기도 한다. 기업이 사회공헌기금을 집행할 때, 서울시의 역량과 신뢰가 두텁기 때문에 다른 시민단체에 비하여 큰 이점이 존재한다. 반면, 서울숲 운영 관리를 위한 모금의 경우 정부에서 할 터인데 굳이 시민과 기업이 후원해야 하는 이유가 무엇인지 설득하는 것이 쉽지 않다. 이와 반대로 행정에서도 매칭펀드가 지속적으로 유지되기 어려운 측면이 있다. 매년 시의회는 왜 특별한 한 단체에게 예산을 지원하는지 문제를 제기한다. 아직 우리 사회와 행정에 파트너십이라는 단어와 사업추진 체계가 흔하지 않기 때문에 인식의 한계가 있는 것이다. 서울시의 입장에서 볼 때, 파트너십은 50%의 예산으로 100%, 200%의 사업 효과를 얻는 것이다. 그럼에도 불구하고 세수입으로만 작성된 서울시의 연간 예산계획에서 민간의 도움과 역할(매칭펀드)을 찾는 것은 불가능하다.

서울그린트러스트의 파트너십은 고정되어 있지 않고 진화발전하고 있다. 초기의 생명의숲과 서울시의 파트너십은 서울숲에서 시민참여를 성공적으로 추진하였으나, 모금의 성격과 사업의 내용을 열어보면 반민반관 그 자체이다. 2003년 서울그린트러스트 창립이사회를 하기 전까지는 서울그린트러스트는 별도의 단체가 아닌 두 기관의 파트너십 사무실을 가지고 공동 사업을 추진하는 정도였다. 2003년 6월 서울그린트러스트 창립이사회를 거치면서 비로소 독자적인 단체가 될 수 있었다. 2005년 이명박 시장이 물러나고, 오세훈 시장이 당선되면서, 많은 사람들이 서울그린트러스트의 발전 또는 지속가능성에 대해 회의적이었다. 일부 고위 관료들은 서울그린트러스트가 곧 해산되리라 예언하는 사람들도 있었다. 이명박 전 시장과의 파트너십으로 이해하였기 때문이다. 오세훈 시장은 파트너십과 거버넌스의 필요성에 대해 어떤 철학을 가졌는지는 알

수 없었지만, 서울그린트러스트와의 파트너십을 완전히 무시하지는 않았다. 서울그린트러스트 파트너십은 서울숲 조성 시기와 같이 강력한 협력 관계를 만들지는 못했지만, 서울숲사랑모임을 계속 유지하고 북서울꿈의숲 모금과 같은 새로운 파트너십 사업을 추진하였다. 북서울꿈의숲은 서울숲과 달리, 단기적인 프로젝트였으며 조성 이후에도 서울그린트러스트가 운영 관리에 관여하지는 않았다. 오히려 북서울꿈의숲은 세종문화회관의 참여를 통해 전혀 새로운 민관 협력 운영체계를 발전시키고 있다.

도시공원 외에도 2007년부터 추진해온 우리동네숲과 같은 새로운 시민참여 도시녹화 운동은 서울시 조경과와의 파트너십 사업을 통해 매년 약 5억 원 정도의 규모에서 추진되었다. 이러한 과정을 통해 서울그린트러스트의 파트너십은 새로운 국면을 맞게 되었다. 초기 시와 민간의 강력한 파트너십에서 좀 더 느슨한 파트너십 관계를 가지게 되었고, 서울숲은 민간위탁으로 전환되었으며, 서울그린트러스트는 좀 더 독자적인 목소리와 역할을 가지면서 시민단체로서의 성격을 더욱 강화시키게 되었다. 일정부분 서울시와의 파트너십을 가지고 있으면서도, 독자적으로 시민·기업과 새로운 캠페인을 전개하거나, 도시농업과 같은 새로운 녹색운동을 대중에게 전파하는 역할을 맡기도 하였다.

시민참여의
궁극적 방향은

시민참여의 사전적 의미를 보면 "정책 및 행정 과정에 일반 시민이 참여해 정책 결정 등에 영향을 미치는 것"을 말한다. 시민참여는 현대 사회에서 참여 민주주의의 강조와 더불어 확대되어 왔다. 시민참여는 정부의 정책 결정과 집행에 일반 시민이 직접 참여해 영향을 미치고 행정의 일탈 행동을 감시할 뿐만 아니라 반대로 행정에 대한 시민의 지지를 확산하는 데 의의가 있다. 일반적으로 행정 문제에 시민이 직접 참여하게 되는 시민참여의 구체적 방법은 아주 다양하다. 각종 자문위원회와 공청회·청문회에 참여하는 활동 외에도 시민운동단체에 참여하고 국민 감사를 청구하거나 행정 쟁송을 제기하고 시위에 참여하는 것을 시민참여로 볼 수 있다. 또한 특별한 정책 분야의 정책 결정을 직접 담당하는 시민위원회도 시민참여의 한 형태로 볼 수 있으며, 나아가 행정의 권한을 위임하여 시민사회가 그 역할을 담당하는 것도 매우 높은 수준의 시민참여이다.

하지만, 시민참여의 궁극적 목표는 거버넌스이다. 정부가 일방적으로 통치하느냐, 아니면 시민과 협치를 하느냐의 문제이다. 좀 더 나아가면 자치 민주주의를 의미하며, 시민 스스로가 공공성을 형성하는 것을 말한다. 다음은 캐나다 밴쿠버에서 수십 년 동안 시민참여를 발전시켜오면서 정리한 시민참여 또는 거버넌스의 모델을 유형별로 정리한 것이다.

• 완전통제 방식: 시민단체나 이익집단과의 협의나 자문 없이 정부에 의한 독단적 의사결정을 의미한다. → • 브리핑 방식: 경청하고 대화하는 방식으로 제한적인 자문을 의미한다. 의사결정에 미치는 영향도 미미하다. → • 토론 방식: 공개 토론을 확대하고, 문제 분석을 공유하고, 의사 결정에 어느 정도 영향력을 발휘하는 단계를 의미한다. → • 합의도출 방식: 합의에 의한 문제 해결을 도모하는 단계로, 시민이 의사결정에 잠재적 영향력을 행사하고 있는 상태를 의미한다. → • 정책조정 방식: 정책수립 및 시행과 관련한 의사 결정에 시민이 공동으로 참여하는 수준을 말한다. → • 실행 파트너십: 정책 집행에 필요한 각종 프로그램의 기획과 실행에 직접 참여하는 단계이다. → • 협력 파트너십: 각종 프로그램 기획 및 실행뿐만 아니라 한 차원 높은 정책 개발을 위한 의사 결정에 시민이 공동으로 참여하는 단계이다. → • 권한과 책임의 이양: 각종 정책과 프로그램 기획 및 집행 권한과 책임을 시민사회에 이양하는 단계를 말한다. 예를 들어 뉴욕의 센트럴파크는 경찰권만 제외하고 모든 운영 관리의 권한과 책임을 이양한 사례로 볼 수 있다.

당신이 공무원이라면 행정은 위의 단계에서 어느 정도의 위치를 차지하는가? 당신이 시민이라면 당신 또는 당신이 속한 집단이 얼마나 도시의 공공성을 만드는 데 참여하고 있는가? 모든 행정이 시민참여와 파트너십으로 운영되지는 않지만, 도시숲과 공원의 운영과 관리에는 시민참여가 꼭 필요하지 않을까?

공유지의 비극과
시민참여

2009년 세계 최초의 여성 노벨경제학상 수상자가 탄생했다. 엘리노 오스트롬 Elinor Ostrom 교수가 그 주인공이다. 오스트롬이 노벨경제학상을 받게 된 이유는 공유지의 비극을 극복하는 방안을 제시하였기 때문이다. 원래 '공유지의 비극'이란 1968년 생물학자인 하딘G. Hardin이 『사이언스』지에 발표한 내용이었다. '공유지의 비극'은 공유의 목초지에 가축들을 방목하면 결국 풀이 고갈되어서 손해를 보게 된다는 내용이다. 오스트롬은 아프리카 코끼리 보호에 대한 해결책으로, 주민들의 조직화를 통해서 자율적으로 규칙을 만들고 감시하면 코끼리 보호에 따른 이득이 주민들에게 돌아가게 할 수 있다는 대안을 제시하였다.

자연 자원, 특히 숲과 공원과 같은 공유 재산들은 항상 이 공유지의 비극에 노출되어 있다. 아무리 강력한 법률과 경찰력을 동원한다고 하더라도 모든 숲을 파괴하는 일은 막기 어려울 뿐만 아니라, 많은 비용을 수반한다. 멀리 가지 않더라도 우리집 앞 골목길만 하더라도 마찬가지이다. 결국에 해법은 지역주민과 이용자들이 주인의식을 갖게 하고, 숲의 혜택이 지속가능하도록 하는 것이다. 그런 점에서 숲에서의 시민참여 혹은 주민참여가 더욱 의미 있는 것이다.

도시숲과 시민참여의
다양성

"지역의 숲은 지역사회가 키운다." 매우 이상적인 말이긴 하지만 '공유지의 비극'이 발생하지 않기 위해서는 지역사회가 지역의 숲과 공원을 가꾸고 돌볼 수 있도록 해야 한다. 이미 전국적으로 다양한 시민참여의 맹아가 있고 발전하고 있어, 이러한 사례를 바탕으로 지역사회를 조직하고, 지역사회와 주민과 지자체가 협력하여 숲과 공원을 관리할 수 있어야 할 것이다.

시민참여로 조성하는 숲

많은 지자체들이 헌수운동을 통해서 가로수나 도시숲 조성에 시민참여를 이끌어내고 있다. 규모 있는 사례로는 서울숲, 북서울꿈의숲, 광주푸른길을 예로 들수 있다. 10여 년 전과 비교해 보아도 지금은 나무 한 그루를 심는 것에서부터 일정 구간의 숲을 시민과 기업의 후원금으로 조성하는 사례를 쉽게 찾아볼 수 있다. 생명의숲은 인천공항과 인천시와 함께 공항 인근에 세계평화의숲을 조성하고 있는데, 공항 이용자들도 모금에 참여하고 있는 특별한 사례이기도 하다.

시민참여로 지켜낸 숲

대표적인 사례로 용인의 대지산과 일산의 고봉산을 들 수 있다. 용인의 대지산은 현재 LH공사의 전신인 한국토지공사가 용인 죽전택지지구를 개발하면서 시민단체 환경정의와 지역주민의 운동으로 택지지구 내 대지산을 성공적으로 지켜낸 사례이다. 일산의 고봉산 역시 대한주택공사의 택지개발로부터 지켜낸 사례이며, 성미산의 경우에는 서울시의 배수지 건설과 학교법인의 개발 압력을 이겨낸 바 있고, 서울 서초구에서는 우면산트러스트 운동을 통해 18,000여 명의 주민이 모금에 참여하여 대기업의 개발로부터 우면산을 지키는 결실을 맺기도 하였다.

시민참여로 가꾸는 숲

시민참여로 조성하고 지켜낸 숲은 다시 지속적으로 시민에 의해 돌보고 가꾸어진다. 서울숲, 광주푸른길이 모든 그런 사례로 이어져 오고 있으며, 특히 청주 원흥이방죽 두꺼비 생태공원의 사례는 시민들의 두꺼비 서식지 보존운동에서 출발하여, 조성된 두꺼비생태공원을 100% 직접 운영하고 있다. 최근에는 두꺼비 서식지를 위해서 주변 산림을 매입하는 운동도 벌이고 있다고 한다.

시민참여와 커뮤니티 비즈니스

시민참여 혹은 주민참여를 지속가능하게 하기 위해서는 재정적인 뒷받침과 적절한 인센티브가 요구된다. 국가나 자치단체가 보조금 또는 지원 사업을 통해 재정적 지원을 해야함과 동시에 도시숲에서 생산되는 다양한 생태계 서비스를 지역사회가 운영하는 커뮤니티 비즈니스로 발전시킬 필요가 있다. 도시숲에서 나오는 목재와 부산물을 활용하여 사회적 기업이나 협동조합을 운영할 수 있으며, 숲 교육과 치유 프로그램을 통해 수익사업을 할 수도 있다. 서울 노원구의 간벌목을 활용한 목공방과 우드펠릿 보급 사업은 아직 커뮤니티 비즈니스로 발전하지는 못하였지만, 추후 좋은 사례가 될 수 있다.

지역의 숲과 공원은 지역사회가 가꾼다

기부 문화와 다양한 민관 파트너십이 발달해있는 미국에서는 도시숲·공원의 시민참여 유형을 여섯 가지로 구분하고 있다.

① 촉매자로서 시민참여 _ 신규 도시숲·공원 조성 운동을 하거나 필요에 따라 재정적 지원을 하는 사례로, 도시숲·공원 조성에 공공기관과 함께 일하는 유형을 말한다. 우리나라에서도 여러 시민단체가 도시숲 조성을 시나 시의회에 청

시애틀은 시민참여 공원 지원만 하고, 참여자와
녹지 관리로 유명하다. 지역사회가 주민 자치로
그중에서도 'P-패치' 라 관리한다. 사진은 공원
고 하는 커뮤니티 가든은 부지 내에 위치한 '이스
시정부에서는 최소한의 트레이크 P-패치' 이다.

원하는 사례가 많다. ② 보조 운영자 _ 도시숲 내 교육, 프로그램 운영, 자원봉사,
기금 모금과 관련해서 지자체를 돕는 유형을 말하며, 서울그린트러스트가 서울
숲에서 활동하는 유형이다. ③ 공동관리자 _ 계획, 설계, 리모델링, 유지 관리를 위
해 지자체와 함께 공동으로 일하는 유형으로, 뉴욕의 센트럴파크가 대표적이
다. 국내에는 광주 푸른길이 유사한 사례이다. ④ 단독운영자 _ 비영리단체가 단
독으로 도시숲·공원을 운영하는 경우로, 지자체는 매우 제한적으로 참여한다.
청주의 원흥이방죽 두꺼비 생태공원이나 서울의 고덕수변생태공원이 유사 사
례이다. ⑤ 시 파트너 _ 도시 전체나 지역 차원에서 도시숲 운영의 수준을 높이기
위해 존재하는 유형으로, 미국 뉴욕시의 도시공원재단이나 서울그린트러스트,
수원그린트러스트, 부산그린트러스트, 경기농림진흥재단이 국내의 유사 사례

로 볼 수 있다. ⑥ 공동개발자 _ 민간부분에서 사업성을 목적으로 도시숲을 조성하는데 재정적인 기여를 하거나 운영 관리하는 과정에 참여하는 유형으로, 울산대공원에 SK가 참여하는 사례를 들 수 있다.

도시숲·공원을 공익적인 목적으로 시민참여로 가꿔나가는 일은 쉽지 않다. 참여를 통해 직접적인 혜택을 기대하기 어렵고, 당장의 가시적인 성과를 얻기 어렵기 때문이다. 농산촌 지역의 숲과 비교할 때 상대적으로 도시숲·공원의 시민참여가 활성화된 것도 도시숲은 시민들의 이용이 많고 이해관계가 비교적 분명하기 때문이다. 일본의 경우에는 농산촌의 숲을 가꾸는 활동에도 많은 시민들이 자원봉사로 참여하고 있고, 기업 사회공헌 활동도 활발하다고 한다.

도시숲·공원의 공익적 가치를 증진하기 위한 시민참여는 미국, 영국, 일본의 사례를 비교해 보아도 저절로 성장하지 않는다. "지역의 숲과 공원은 지역사회가 가꾼다"라는 모토 아래 정부와 지자체, 그리고 시민사회가 적극적으로 노력하고 재정을 투입해야 한다. 지금 당장은 추가적인 비용이 들 수 있지만, 장기적인 미래를 볼 때는 숲과 공원 관리 비용을 줄여나갈 수 있으며, 숲과 공원이 가지고 있는 잠재적인 가치를 증진시킬 수 있다. 많은 선진국에서 숲과 공원에서 시민참여를 확대하는데 노력하는 이유가 여기에 있는 것이다.

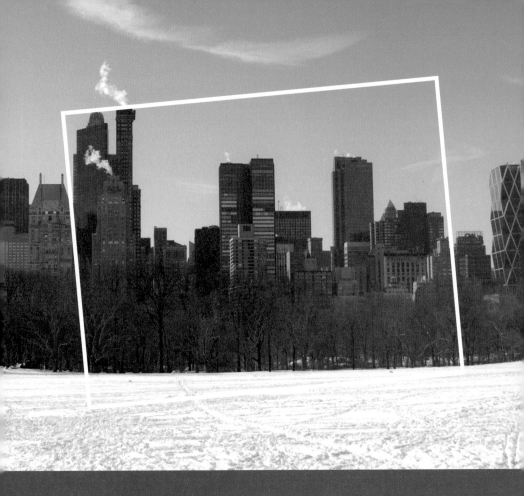

"서울숲에서 새로운 일을 고민하게 될 때, 우리는 늘 센트럴파크에서 답을 찾곤 했다. 그러다 인터넷 홈페이지나 기존 자료 조사를 통해 채워질 수 없는 궁금증을 풀기 위해 2007년 가을, 센트럴파크를 방문하게 되었다. 센트럴파크 답사를 통해 우리는 뉴욕시와 컨서번시 직원들의 상호 긴밀한 협의 구조나 완벽한 공원 관리를 위한 노력, 공원 발전을 위한 적극적인 기금 모금에 매우 감동을 받았다. 특히 컨서번시 직원들이 우리에게 보여준 친절과 그들의 에너지는 의기소침해진 우리들에게 새로운 힘과 자신감을 주었다. 컨서번시의 믿을 수 없는 놀라운 성과의 중심에는 그 일에 전념하는 사람이 있었다."

센트럴파크 컨서번시를 만나다

서울그린트러스트와 서울숲사랑모임의 벤치마킹 사례

이근향 _ 예건디자인연구소 소장

우리의 영원한 숙제, 센트럴파크 컨서번시

서울숲 개장을 준비하며 2004년 12월 처음 받은 숙제가 센트럴파크에 대한 공부였다. 센트럴파크의 공원 운영 프로그램, 자원봉사 시스템 그리고 무엇보다도 센트럴파크 컨서번시Central Park Conservancy라는, 이름도 생소한 조직과 뉴욕시와의 민관 파트너십에 대한 벤치마킹이 주요 과제였다. 그러나 세계적인 공원 센트럴파크, 세계적인 민관 파트너십 모델인 센트럴파크 컨서번시에 대한 동경과 이상은 서울숲이 개장한 지 얼마 안 되어 빠른 실망과 절망감으로 돌아왔다. 강력한 행정 중심의 관리 시스템인 우리나라에서 민관 파트너십에 의한 공원 운영은 절대 헛된 꿈이었으며, 그래서 서울숲의 벤치마킹 모델로 센트럴파크를 설정한 것부터 무리였다는 깊은 회의에 빠졌다.

그러나 지금 돌이켜 생각해보면 우리의 공부가 너무 부족했음을 인정해야 할 것 같다. 어쩌면 우리는 센트럴파크 컨서번시의 뚜렷한 성과만 보고, 우리 스스로 세운 높은 목표에, 우리 스스로 빠르게 지치고 섣불리 주변 상황을 원망했는지도 모른다. 민관 파트너십의 형성과정에 대한 충분한 이해 없이 처음부터 제도 개선과 조례 제정 등 도달하기 어려운 목표를 정해놓고 전시행정적인 서울시의 시민참여 방식을 탓하기만 한 것이 아닐까?

2013년 6월 18일 서울숲은 여덟 번째 생일을 맞았다. 생일을 자축하는 조촐한 모임에서 서울숲사랑모임의 현재를 생각했다. 한때 서울의 센트럴파크 컨서번시를 꿈꾸며 시작했지만 이제는 선뜻 그 꿈을 꺼내놓기 조심스럽다. 우리의 꿈과 미션은 무엇일까? 센트럴파크 컨서번시의 임무는 공공public과 파트너십을 이루어 현재와 다음 세대를 위하여 센트럴파크를 복원하고 운영하고 보전하는 것으로, 기본적으로 센트럴파크의 공공 가치를 보존하는 것이다. 그리고 더 중요한 것은 근본적으로 이 미션은 뉴욕시의 공원휴양청과 일치한다는 것이다. 서울숲과 센트럴파크의 미션 자체가 분명히 다를 터인데 그럼 우리에게 절박한 미션은 무엇이었을까? 짐이 무거웠으면 더욱 치열하고 간절하게 완수했을까? 오랜만에 컴퓨터 속에 들어있는 센트럴파크와 컨서번시에 관한 수많은 파일과 스터디 자료들을 뒤적이며 우리의 영원한 숙제, 센트럴파크에 관한 이야기를 시작해본다

센트럴파크 컨서번시 제대로 공부하기, 2007년의 가을 답사

서울숲에서 새로운 일을 고민하게 될 때, 우리는 늘 센트럴파크에서 답을 찾곤 했다. 그래도 인터넷 홈페이지나 기존 자료 조사를 통해 채워질 수 없는 궁금

●
센트럴파크 내 대규
모 퇴비장

●●
공원 관리 운영본부
로 쓰이는 더 야드
(The Yard)의 뒷마당
에서 만난 잔디 관
리 감독

증을 풀기 위해 2007년 가을, 모금 그리고 홍보 담당자와 함께 센트럴파크를
방문하게 되었다. 무엇보다도 센트럴파크 컨서번시 직원들의 활약을 직접 보
고 싶었고, 개장 후 2년, 슬슬 피로감이 쌓여가는 서울숲사랑모임에게 던져주
는 그들의 조언을 듣고 싶었다.

  어린이 체험학습 프로그램과 기업 자원봉사 프로그램에 직접 참여하였고,
모금, 이벤트, 공공 프로그램 운영자와의 미팅도 가졌고, 생태복원 프로젝트
담당자, 잔디 관리 감독관, 그리고 존 가드너와 그들 구역에서 활동하는 자원
봉사자들을 현장에서 만나기도 했다. 공원휴양청 공무원들과 경찰, 이벤트 담
당자, 그리고 존 가드너가 모여 그 주의 주요 이벤트에 대한 업무를 공유하는

주간회의 모습도 지켜보았다. 일반인들의 이용 동선으로 가 볼 수 없는 어마어마한 퇴비장을 보고 공원 설계시 꼭 도입해야 할 필수 공간임도 배웠다.

센트럴파크 답사를 통해 우리는 뉴욕시와 컨서번시 직원들의 상호 긴밀한 협의 구조나 완벽한 공원 관리를 위한 노력, 공원 발전을 위한 적극적인 기금 모금에 매우 감동을 받았다. 특히 컨서번시 직원들이 우리에게 보여준 친절과 그들의 에너지는 의기소침해진 우리들에게 새로운 힘과 자신감을 주었다. 컨서번시의 믿을 수 없는 놀라운 성과의 중심에는 그 일에 전념하는 사람이 있으며, 그래서 역시 사람이 가장 중요한 자산임을 다시 한 번 깨닫게 해주었다.

센트럴파크 컨서번시의 교훈

첫째, 다가올 공원 운영 패러다임의 변화를 위한 선행 학습
1970년대 후반 미국의 재정적인 문제를 해결하기 위한 방법으로 시작된 민관 파트너십 모델, 그 중 대표적인 성공 사례인 센트럴파크 컨서번시는 미국 공원 운영의 패러다임을 바꾼 성공적인 모델이다. 도시마다 비영리 민관 파트너십의 성격은 동일하지 않지만 이제 미국의 모든 공원마다 존재하는 컨서번시가 행정의 공원 예산 부족분을 위해 기금 모금에 더 많은 책임감을 부여받으며, 공원을 도심 활력의 중심지로 변화시키는 데 중요한 역할을 하고 있다.

서울숲 개장 후 지난 8년 동안 서울숲사랑모임은 시민참여 공원 운영의 모범 사례로 평가받고 있다. 그러나 2009년 민간위탁 관련 제도로 인해 체결된 공원 프로그램 운영 위탁이란 계약 형태는 누가 봐도 파트너십 관계로 이해하긴 어렵다. 또한 전체 서울숲 운영 예산 중 서울숲사랑모임의 모금액은 미미했고, 공원 예산이 축소되고 있다지만 지금까지 심각한 예산 삭감이나 인력 감축을 경

험하지 못한 시 당국은 우리의 역할과 필요성에 대해 그리 긍정적이지 않다. 무엇보다도 공원 관리는 행정의 의무라고 생각하는 대다수의 시민들을 설득하여 공원을 돌보는 일에 참여하게 유도하는 일은 더욱 어렵다. 그러나 이 모든 현실에도 불구하고 도시공원의 지속적 관리를 위해선 다양한 시민참여와 파트너십 확산이 너무도 필수적임을 우리 모두 알고 있다. 공원의 보호 활동이든, 모금지원이든, 적극적인 이용 촉진이든 공원의 민관 파트너십 구축은 이제 우리나라 모든 공공시설의 당면한 과제이다. 미국의 도시공원 비영리단체의 파트너십은 다섯 가지 형태가 존재하며 지난 8년간의 서울숲사랑모임의 활동 궤적이 우리가 목표했던 협동관리자Co-manager에 미치지 못했다고 하더라도 새로운 공원 운영 방식에 대한 고민과 경험은 누구보다도 많다고 자부한다.

우리는 센트럴파크를 벤치마킹하며 자원활동가 조직, 회원 모집, 프로그램 운영, 기업 자원봉사 시스템, 그리고 숲속 작은 도서관, 수유방, 향기정원 등 기업 모금을 통한 공간 재생 사업, 홍보 마케팅 차원의 기념품 사업에 이르기까지 다양한 시도와 경험을 축적해 왔다. 시민이 조성한 생태숲 안정화를 위해 우드칩 깔기와 피트모스 포설, 기후변화에 대응한 남부수종 식재까지 자원활동가들과 함께 흘린 땀과 추억이 곳곳에 남아있다. 더욱 중요한 것은 1년 평균 800회 이상 운영되는 프로그램에 함께 한 시민들과 공원 가꾸기 자원봉사에 참여한 기업의 CEO를 포함한 기업시민, 그리고 그동안 서울숲을 거쳐간 자원봉사자들이 서울숲의 든든한 조력자가 되어있다는 사실이다. 이는 서울숲사랑모임뿐만 아니라 시 행정가들에게도 큰 위안이다. 왜냐하면 서울숲은 앞으로 그 어떤 변화에도 공원으로서의 공익적 목적과 가치를 지켜낼 든든한 동반자들이 있고, 서울숲에서 시도해 본 경험을 통해 그 어떤 일도 대응해 갈 순발력을 가지고 있기 때문이다.

둘째, 민관 파트너십은 42.195킬로미터의 마라톤

민관 파트너십 공원 운영이란 개념은 1980년 센트럴파크 태스크 포스Central Park Task Force와 센트럴파크 커뮤니티 펀드Central Park Community Fund라는 두 시민단체가 센트럴파크 컨서번시를 구성했을 당시, 미국에서도 매우 생소하고 혁신적인 개념이었다.* 이제는 미국 내 거의 모든 공원이 민관 파트너십 형태의 운영 방식에 의존하지만 센트럴파크 컨서번시가 뚜렷한 성과를 내기 전 대다수의 미국 도시공원 행정감독관은 공원 운영을 민간과 분담하는 생각에 불편함을 드러냈다고 한다. 그래서 센트럴파크 컨서번시의 파트너십이 단계별 발전 과정을 거쳐 이루어진 것도 놀랄만한 일은 아니다. 1993년 컨서번시와 뉴욕시의 파트너십을 정의하는 MOUMemorandum of Understanding가 체결되기까지 처음 13년간 뉴욕시와의 파트너십에 대한 어떤 공식적 행위 없이 컨서번시의 역할이 전개되었고, 이 MOU는 1998년 컨서번시와 뉴욕시의 공식적인 계약으로 이어졌다. 이때에서야 비로소 컨서번시는 센트럴파크 운영에 대해 책임감 있는 조직임을 공식적으로 인정받게 되는 한편 뉴욕시는 컨서번시가 하는 공공 서비스에 대한 범위를 정하고 그에 대한 연간 예산을 지불하게 되었다. 컨서번시는 경제 하락기로부터 센트럴파크의 경관과 구조를 보호해낼 수 있는 운영 모델을 만드는 것에 집중해왔다. 현재 컨서번시는 공원의 일상적 관리와 운영을 책임지고 있으며, 전체 공원 운영 직원의 80%를 고용하고 연간 공원 운영 예산 4천2백5십만 달러의 85%를 모금하고 있다. 또한 센트럴파크의 사회적 자본을 증진하고 보존하기 위한 민간기금을 모금하는데 놀랄만한 기록을 세웠다. 1980년 컨서번시가 세워진 이래, 총 6억5천만 달러 이상의 투자를 주관했으며 이중 민간기금 4억7천만 달러와 시정부 지원금 1억1천만 달러를 모금했다. 이 기금은 시의 예산과 함께 센트럴파크를 뉴욕시 재생의 살아있는 상징이 되도록 했다.*

생각해볼수록 대단한 업적이다. 1980년 12명의 활동가로 시작된 컨서번시의 성장 동력이 궁금하다. 그러나 분명한 것은 우리가 민관 파트너십의 성공 모델이

---

* http://cityparksblog.org/ Public Private Partnerships: New York and the Central Park Conservancy Posted, January 15, 2013.

** 센트럴파크 컨서번시 홈페이지 http://www.centralparknyc.org/about/

위풍당당하게 자리한 센트럴파크 전경, 진정한 도심의 녹색 허파(출처: Valuing Central Park's Contribution to NewYork City's Economy, May 2009.)

라고 꼽는 센트럴파크 컨서번시도 서서히 그 파트너십 관계를 발전시켜왔다는 사실이다. 1980년에 설립하여 1993년이 돼서야 뉴욕 공원휴양청과 협약을 맺었다는 사실은 우리에게 시사하는 바가 크다. 보통 파트너십 관계는 프로그램 운영 등 한정된 업무를 지원하는 프렌즈 그룹으로 시작, 제한적 파트너 관계를 유지하다가 점차 신뢰를 쌓은 뒤 공동 운영의 컨서번시 단계로 가는 것이 일반적이라고 한다. 이제 우리는 기부 문화의 차이나 행정의 변화 의지를 탓하기 전에 우리의 능력과 진정성을 보여주는 부단한 노력이 먼저라는 것을 안다. 8년 만에 습득한 민관 파트너십 과정의 속도감을 익혔다고나 할까? 다시 한 번 강조하면 파트너십이란 오랜 시간 천천히 발전되어가는, 매우 느리고 지난한 과정이다.

셋째, 진정한 공원의 가치를 지켜내기 위한 특별한 노력
세계적인 공원 센트럴파크, 그래서 큰 기대에 부풀어 센트럴파크를 방문한 사람들은 '겨우 이거?' 하고 실망할지 모른다. 서울시에서 최근 개장한 북서울

● 센트럴파크 내 21개 놀이터
중의 하나. 웨스트 사이드 100
번가에 위치한 타르 가족 놀
이터(Tarr Family Playground),
2009년 리노베이션

꿈의숲이나 서울숲과 비교해 봐도 공간 구성이나 디테일에서 세련되어 보이지 않는다. 그러나 센트럴파크가 세계적 공원임은 뉴욕의 관광지도만 봐도 감을 잡을 수 있다. 150년 전 설계가 옴스테드의 위대한 설계 의도를 모른다 하더라도 뉴욕 맨해튼 한복판에 너무나 당당하게 놓인 100만평(3,411,452㎡) 규모의 센트럴파크의 존재감에 머리를 끄덕일 것이다.

그러나 이러한 물리적인 존재감 이외에 '센트럴파크 효과'라고 불리는 경제, 사회, 환경적 가치에 더욱 놀라움을 금치 못할 것이다. 센트럴파크는 이제 뉴욕에서 가장 많이 찾는 공공 장소가 되어 작년 한해 연간 3천8백만 명의 방문객을 기록하였다. 1982년 1천3백만 명에서 지난 30년간 방문객이 세 배나 증가한 것이다. 오늘날 건강하고 활력이 넘치는 센트럴파크는 고용 창출과 경제 활동의 중심지로, 주변지역의 자산 가치를 더하는 요인으로, 뉴욕시 세수입의 생성원으로 강력한 힘을 가지고 있다. 센트럴파크의 경제적 효과를 분석한 보고서*에 따르면 잘 관리 운영되는 센트럴파크는 매년 10억 달러 이상의 경제 활동과 뉴욕시 세수입을 창출해낸다고 한다. 현재 센트럴파크의 가치는 150년 전 창조한 옴스테드의 선견지명뿐만 아니라 1980년 이후 시와 컨서번시의 공원의 복원, 개선, 유지 관리를 위한 투자의 결과를 반영한다. 이 위대한 유물을 가지고 시와 컨서번시는 센트럴파크가 뉴욕시의 경제 활성화와 뉴욕 시민의 삶에 끼치는 공헌도를 유지하고 제고하고자 노력하는 것이다.

공원의 가치는 눈으로 보이는 것 뿐만 아니라 얼마나 다양한 자원으로 잘 활용하느냐가 중요하다. 센트럴파크 여성위원회 중심의 후원과 자원봉사 활동을 통해 최고의 안전과 창의적인 시설물로 완벽하게 유지 관리되고 있는 21개

---

* Valuing Central Park's Contributuon to NewYork City's Economy, May 2009.

의 놀이터를 보면, 외양적으로 세련되지만 어느 부모도 관심을 보이지 않은 채 텅 비어있는 우리나라 놀이터에 대해 많은 생각을 하게 한다.

2003년 1월 서울시는 서울숲에 대한 상업지역 개발 등 여러 대안을 포기하고, 생활권 녹지 확충을 위한 서울숲 조성 계획을 발표하였다. 부동산 가치만으로도 천문학적인 자산이며, 적극적 관리와 활용에 따라 도시의 오아시스로, 지역사회의 중심으로 최고의 값어치를 해낼 수 있는 우리의 공동 자산이 되었다. 그래서 이 훌륭한 자산을 지속적인 관리와 투자로 잘 지켜내고 다음 세대를 위해 보전해야 할 책무가 우리에게 있다. 넓고 쾌적한 35만평 녹색 안식처는 우리 아이들의 교육적 자산으로, 공동체의 활력소로, 인근의 경제적 활성화에 이르기까지 무궁무진한 성과를 낼 수 있다.

끝나지 않는 숙제, 새롭게 가지는 꿈

서울그린트러스트 창립 10년, 서울숲 개장 8년, 이제 공원에 식재된 수목들의 지주목도 다 걷어지고 척박한 토양임에도 제법 울창한 숲의 모습을 보여준다. 그래서 서울숲의 성장만큼 우리의 민관 파트너십도 발전해가고 있는 건지, 서울숲사랑모임의 책임과 역량도 자라고 있는 건지 곰곰이 생각하게 된다. 불분명한 미션에, 잘못 짜여진 로드맵으로 성장이 멈춰버린 것은 아닌지 걱정도 된다. 그러나 식물이 웃자라면 열매를 보기 어렵듯이 우리의 더디고 느린 성장에 조급증을 내지 않아도 될 듯하다. 우리 스스로 그동안 서울숲에서의 경험이 자양분이 되어 폭발적인 성장 잠재력이 내재되어 있음을 믿고 있다.

센트럴파크가 서울숲에 맞는 벤치마킹 모델이었는지 아닌지 중요하지 않다. 어쨌든 센트럴파크는 우리의 동경의 대상이고, 영원히 따라갈 모델일 것이다.

중앙 앞줄에 회장 더글라스
블론스키(Douglas Blonsky)를
포함한 센트럴파크 컨서번시
의 직원들(출처: 2012 센트럴
파크 컨서번시 애뉴얼 리포트
(annual report))

서울숲이 존재하는 한 그리고 서울숲을 아끼고 사랑하는 시민들이 존재하는 한
우리도 한번 해낼 수 있는 일이다. 그래서 다른 무엇보다도 센트럴파크 컨서번
시 250명의 직원들이 함께 찍은 사진을 보면 부럽기도 하고 힘이 나기도 한다.
2007년 가을에 만났던 직원들이 우리에게 보여준 에너지와 격려가 전해지면서
서울숲의 꿈을 다시 한 번 새겨본다.

"서울시에서 2013년 한 해 동안 여러 공원에서 동시다발적으로 공원별 운영위원회가 진행되고, 공원사랑모임과 명예공원 소장제도 등이 확대된 것은 서울시의 정책 방향 전환이 중요한 원인이겠지만, 이미 2000년도 길동생태공원이나 2005년 이후 서울숲에서 공원운영위원회라는 틀을 제시했던 과거로부터도 기인한 바가 크다. 기존 공무원 중심의 공원 관리 체계는 매 시기별로 달라지는 시민의 요구들을 담아내는 데 낡은 측면이 많아 이를 보완하는 방향으로 변경될 수밖에 없으며, 정책 운영 분야까지 시민참여 경험이 축적된다면 시민 주도 공원 관리 시스템의 출현은 이미 예정된 것이라 할 수 있을 것이다."

공원 관리와 시민참여

시민참여로 진행된 서울시 공원 관리 사례

온수진 _ 서울시 푸른도시국

공원 관리는 크게 운영 관리(정책 및 일반 운영, 자원봉사, 프로그램 운영 및 마케팅)와 시설 관리(청소, 녹지 및 기계 · 전기 · 건축시설 관리)로 나눌 수 있는데, 일부 사례를 제외하고 대부분의 공원 관리는 지방정부 주도로 진행된다. 하지만 다중이용시설이라는 공원의 이용 성격과 전통적 기능에 더해 다양한 트렌드를 받아들일 수밖에 없는 공간 성격을 감안할 때, 그 다양성들을 충족시키기 위한 시민참여는 필수불가결하다.

공원 내 매점, 음식점, 문화 · 체육시설, 기전설비, 보안 등 특정 업무에 대한 위탁도 넓은 의미에서 시민참여의 일부라 할 수 있겠지만, 일반적인 시민참여의 형태는 지방정부와 대별해 '서울숲사랑모임'이나 '생태보전시민모임'과 같은 민간(관리)단체를 비롯해서 자발적으로 공원 관리에 참여하는 기업, 학교, 지역 모임, 개인 또는 가족 단위의 활동을 의미한다. 여기에 지방정부와 민간단체가 공원 관리를 목적으로 조직한 단체도 포함될 수 있다.

공원 관리에 시민참여가 본격화되기 시작한 요인은 크게 두 가지를 꼽을 수 있는데, 첫 번째는 대공황기의 미국이나 유럽, 버블 경제 이후 장기적인 경기 침체를 겪은 일본의 사례처럼 정부 주도의 공원 관리가 일시적 또는 지속적으로 마비되면서 자발적인 시민의 역할이 증대된 사회적 측면을 꼽을 수 있다. 정부의 공공 서비스 부족으로 인한 불편이나 불합리한 관리 상황을 시민들이 해소해 나가면서 시민참여가 본격화된 것이다. 두 번째 요인으로는 자아실현의 측면을 꼽을 수 있다. 삶의 질에 대한 관심이 높아지고, 여가시간을 활용해 자신의 재능을 나누고자 하는 욕구가 점차 커지면서, 공원과 같은 공공 공간에서의 시민참여가 확대된 것이다. 한편으로는 다양한 평생 학습 기회를 통해 얻은 재능을 주변과 나눔으로써 즐거움을 얻는 이들이 늘어난 것도 시민참여의 활성화에 기여한 부분이 있다.

시민참여가 도입된
서울시 공원 관리 사례들

남산외국인주택단지를 철거한 자리에 조성된 남산야외식물원이 개장한 1998년 봄, 서울시 공원녹지과 주도로 60여 명의 '남산공원 프로그램 운영 자원봉사자'가 공식 모집되었다. 공원 내 프로그램 운영을 위해 자원봉사자를 모집한 첫 번째 사례이다. 이후 3개월간 매주 1회 교육을 통해서 남산공원 자원봉사자 모임인 '남산지기'가 구성되어 상당기간 활발히 활동하였으나 현재는 그 명맥만이 일부 유지되고 있다.

1997년 가을 개원한 여의도샛강생태공원은 당시 한강관리사업소 소속 최병언 소장(현 중부공원녹지사업소 녹지관리과장)이 일부 전문가 및 환경단체와 함께 모니터링과 프로그램을 직접 진행하였고, 인근 여의도초등학교 학부모들을 교육해 일부 프로그램을 함께 운영하는 등 1999년 말까지 활발히 활동하였다. 하지만 이후 전문성 있는 직원, 자원봉사자, 단체를 확보하지 못하면서 뚜렷한 활동 실적을 거두지는 못하였다.

1999년 길동생태공원 개원과 동시에 서울시 녹색서울시민위원회에서는 생태모니터링, 자원봉사자 육성, 프로그램 운영 사업을 공모하여 2년간 '생태보전시민모임'이 그 역할을 수행했고, 그 활동 결과로 길동생태공원 자원봉사자 모임인 '길동지기'가 구성되었다. 사업 종료 후 생태보전시민모임은 서울시에 지속적인 활동 지원과 공원운영위원회 운영 등을 제안했으나 받아들여지지 않았고, 이후 서울시 공원녹지관리사업소 주도로 현재에 이르고 있다. 일찍부터 기존 자원봉

생태 모니터링 위주로
시민참여가 진행된 길
동생태공원

사자 1명을 정규직(코디네이터)으로 채용해 공무원과 자원봉사자의 연결고리를 맡긴 점, 생태공원 성격상 프로그램 위주보다 모니터링 등 학술적 역할이 중요했던 점 등의 이유로 '길동지기'는 현재까지도 전문성을 갖춘 공원 자원봉사 모임의 대표적인 사례로 손꼽히고 있으며, 총 11기 40여명이 활발히 활동하고 있다.

2000년도 초에 인천 호프집 화재 사고로 청소년들이 다수 사망하는 사건이 발생한 것을 계기로, 서울시에서는 공원 관련 청소년 사업을 발굴하기 시작했다. 큰 사회적 문제로 대두된 청소년 문제를 공원에서 풀어보기 위한 노력을 경주한 것이다. 대표적으로 천호동공원을 꼽을 수 있는데, 공원 관리사무소 건물에 청소년 미디어센터를 설치해 청소년단체에 위탁 운영을 맡겼다. 이는 공원부서에서 직접 기획한 청소년시설의 첫 사례였으며, 이를 통해 지역을 기반으로 한 청소년

●
서울그린트러스트가
서울숲에서 추진한
'책 읽는 공원 캠페인'

자원봉사 시스템이 구성되어 제법 활발히 운영되었다. 그러나 2006년 이후 관리사무소 건물이 철거되면서 이 활동은 막을 내리게 된다. 2000년 훈련원공원에서는 패션벼룩시장, 코스프레 등 청소년 문화행사를 해당 공원의 관리 주체였던 쌍용건설과 공동 추진하였으나 수익성 창출에 실패하면서 지속되지 못하였다.

2000년도에는 문화 예술 프로그램도 공원에서 시민참여를 바탕으로 추진되기 시작했다. 임옥상 화백이 인사동길에서 진행했던 시민참여 미술 프로그램인 '당신도 예술가'가 인사동길 정비사업으로 인해 1년간 여의도공원으로 자리를 옮겨 운영된 것이다. 이후 이 프로그램은 문화예술단체인 'UR아트' 주관으로 월드컵공원, 낙산공원, 보라매공원 등에서 비정기적으로 운영되었다. 또한 이 시기에는 서울시 공원녹지과 주관으로 '숲속 여행 프로그램'이 처음으로 기획되었다. 초기에는 숲해설가협회와 연계성을 가지고 진행되었는데 지속적으로 발전되지 못했고, 서울시 주도의 숲 해설가 선발 과정을 거쳐 '생태체험 프로그램'이라는 이름으로 현재도 진행되고 있으나 그리 활발하지 않다. 월드컵공원에서는 2002년 5월 개원 초기부터 하늘공원을 중심으로 한 '하늘지기'라는 생태 프로그램을 운영하는 자원봉사 모임과 월드컵공원 전시관 운영을 지원하는 자원봉사 모임이 각각 구성되어 현재에 이르고 있다. 같은 해 개원한 선유도공원도 개원 초부터 자원봉사자 모임이 조직되어 현재까지 명맥을 유지하고 있으며, 물을 주제로 한 공원 성격에 맞추어 물과 토양에 대한 전문적 프로그램도 일부 운영하고 있다.

2005년 개원한 서울숲의 경우 공원 조성 단계에서부터 많은 역할을 해왔던 서울그린트러스트의 주도로 '서울숲사랑모임'을 구성하여 견학, 생태, 독서 등 다양한 프로그램을 기획 운영하였고, 전문가, 청소년, 주부 등 다양한 계층의 자원봉사자를 육성해 현재까지도 활발하게 운영하고 있다. 다만, 당초 파트너십으로 운영하기 위해 조례까지 제정되었으나 진통 끝에 프로그램 운영 위탁 형식으로 변경되어 3년마다 공모제로 운영되고 있다. 공조직인 서울숲 관리사무소에서도 안내센터 운영 및 곤충 식물원 프로그램 자원봉사자와 코디네이터를 운영하고 있다.

한강의 경우 생태보전시민모임이 3개 공원에서 지역 기반의 자원봉사자 육성 등을 통해 안정적으로 시민참여를 유도하고 있다. 맨 처음 2002년 강서습지생태공원에서 프로그램, 모니터링(위탁)운영이 시작되었고, 이후 민간공모사업비 활용 등 여러 형태를 거쳐 최근에는 지역주민을 중심으로 한 단체를 구성해 지속적인 파트너십을 구축하고 있다. 강동구 고덕동생태경관보전지역은 2005년부터 전체 관리를 도맡아 2014년이면 도합 10년째를 맞게 된다. 2010년부터는 난지한강공원 생태습지센터도 프로그램, 모니터링 등을 맡아 운영하고 있다.

2008년 관악구에서는 '관악산 숲길 가꾸기' 사업을 인터넷 쇼핑몰업체인 G마켓, 생명의숲국민운동과 함께 진행해 숲길 정비 및 숲 모니터링, 숲 체험 프로그램, 숲속 도서관 운영 등을 추진했고, 그 과정에서 자원봉사자 모임인 '관악산숲가꿈이'를 양성하여 현재 사단법인 형태로 운영되고 있다. 이를 계기로 G마켓은 이후 서울시, 생명의숲국민운동과 함께 수락산 등에서도 다양한 활동에 참여하고 있다.

프로그램 운영, 모니터링, 안내 위주의 시민참여를 정원 및 녹지 관리 분야로 확대하고자 2012년 11월부터 4개월간 선유도공원에서는 '도시정원사 자원봉사자'를 육성하여 1기 97명을 배출하였고, 당시 교육 받았던 시민들이 지금은 선유도공원과 구로구 항동 푸른수목원에서 전문성 있는 정규직 정원사(코디네이터)의 지도하에 활발히 활동하고 있다. 2013년부터 중부공원녹지사업소, 환경조경나눔재단에서도 도시정원사와 유사한 교육과정을 운영하고 있고, 서울시에서도 지속적으로 도시정원사를 육성해 나간다는 계획이다.

2013년 2월 선유도공원에서는 공원 설계자, 자원봉사자 대표, 공무원, 지역 및 전문가 대표로 구성된 '공원행복위원회'를 구성하였으며, 이는 1999년 길동생태공원과 2005년 이후 서울숲에서 제안했던 공원운영위원회의 첫 사례로 볼 수 있다. 이후 서울시 주관으로 확대운영 계획을 수립해 서울숲, 푸른수목원 등에서도 행복위원회와 유사한 위원회가 운영되고 있다. 하지만 아직까지 충분한 권한이 보장된 형태는 아니며, 일종의 정례적 자문위원회 성격이 더 큰 것으로 보여진다. 이와 별도로 서울시에서는 '공원사랑모임', '명예공원소장제도' 등도 함께 추진하고 있다.

그 밖에도 여러 자치구에서 어린이공원, 소공원을 인근 노인정 등에 위탁 관리하고 있고, 일부 자치구 근린공원 및 하천 관리를 민간기업에 위탁하는 사례도 있다.

시민참여 공원 관리가 남긴
교훈과 과제

앞에서 살펴본 바와 같이 공원 관리에서의 시민참여는 1990년대 후반에 접어들어, 주요 공원(특히 생태공원)과 식물원 등 주제공원에서 생태 프로그램 운영 및 모니터링을 중심으로 활동하는 자원봉사자를 모집, 교육, 운영하면서 시작되었음을 알 수 있다.

초기 길동생태공원, 여의도샛강생태공원, 강서습지생태공원에서 시도되었던 시민단체 공모사업을 통한 자원봉사자 육성 시스템이 사업 이후 관리기관과의 마찰 등으로 연착륙하지 못한 사이, 2000년대 초부터 중반까지는 새롭게 문을 연 주요 거점공원들에서 서울시 주도로 생태 및 안내 프로그램 자원봉사자를 모집해 활발히 운영하였다.

2003년 서울숲 조성과정에서 창립된 서울그린트러스트는 주도적으로 기업 및 단체 참여를 성공적으로 이끌어냈다. 2005년 개원 당시부터 '서울숲사랑모임'을 조직해 체계적으로 다양한 프로그램을 운영해왔으며, 자원봉사자 육성에서도 큰 성과를 올려 민간단체 위탁 시스템에 대한 모범 사례를 창출하였다. 또한 한강공원임에도 접근성이 떨어져 이용객은 적었지만 생태적 가치가 높은 고덕생태경관보전지역을 생태보전시민모임이 전면 위탁 받아 2005년부터 현재까지 운영하고 있는 점 또한 공원 관리에 있어 시민참여의 큰 전환점이 되었다.

1997년부터 본격적으로 시도된 공원 이용 프로그램은 수백 명에 달하는 자원봉사자 양성과정을 거쳐 향후 10년간 시민들의 뜨거운 호응 속에서 전성기를 맞았고, 이후 조정기 또는 침체기로 접어들었다. 이는 서울시는 물론 여러 자치구에서 유사한 무료 생태 프로그램을 너도나도 진행해 차별성을 갖기 어려웠던 것이 1차적 원인이겠으나, 공원 이외의 분야에서 역사와 문화 등 색다른 체험 프로그램을 다수 기획한 것 역시 중요한 원인일 것이다.

　전성기 기간 동안 1회 8,000원의 자원봉사 활동비를 지원하고, 무료 체험을 제공하는 공원 프로그램의 운영 방식은 아이러니하게도 프로그램 수준을 높여 유료 프로그램화 할 수 있는 산업화 가능성을 크게 저해했다. 여기에 자원봉사자를 활용한 프로그램과 전문 강사를 도입한 프로그램에 대한 서울시의 차별화 실패로, 프로그램을 직접 운영하는 자원봉사자들 사이에도 혼란이 가중되었다.

도시정원사 프로그램은 시민참여가 프로그램에서 녹지 시설이라는 하드웨어로 확대되는 계기가 되었다. 사진은 서울숲 녹지 공간

이렇게 되다보니 초기 열성적으로 활동하던 자원봉사자들은 오랜 관리 부실로 명맥만 유지되는 경우가 많아졌고, 심지어 2000년대 후반 문을 연 거점 공원들은 아예 자원봉사자를 확보하지 않는 행태를 보이기도 했다. 그러다보니 전문성이나 체험성이 높은 일부 프로그램을 제외하곤 예약 인원이 턱없이 부족해졌고, 이로 인해 기 확보된 프로그램 예산조차 집행하기 어려워 예산이 삭감되는 악순환까지 일어나기도 했다. 핫한 트렌드로 자리 잡은 캠핑 문화로 인해 공원 캠핑장에 대한 예약 수요가 폭발하는 현상과 비교하면 공원 내 생태 프로그램의 팍팍한 현실을 이해하기 쉬울 것이다.

2012년도 선유도공원에서 시작된 '도시정원사'는 시민참여 분야를 기존의 프로그램, 모니터링, 축제 등 소프트웨어(운영) 분야에서 '녹지'라는 시설 분야로 확대하는 의미를 가진다. 하지만 이는 이미 서울시와 서울그린트러스트가 함께 진행한 '동네숲', 서울숲의 '나도정원사' 프로그램과도 이어져 있었으며, 건강한 먹거리에 대한 관심에서 출발한 도시농업 또한 큰 원군이었다.

마지막으로, 2013년 한 해 동안 여러 공원에서 동시다발적으로 공원별 운영(행복)위원회가 진행되고, 공원사랑모임과 명예공원소장제도 등이 확대된 것은 서울시의 정책 방향 전환이 중요한 원인이겠지만, 이미 2000년도 길동생태공원이나 2005년 이후 서울숲에서 공원운영위원회라는 틀을 제시했던 과거로부터도 기인한 바가 크다. 기존 공무원 중심의 공원 관리 체계는 매 시기별로 달라지는 시민의 요구들을 담아내는 데 낡은 측면이 많아 이를 보완하는 방향으로 변경될 수밖에 없으며, 프로그램 관리, 녹지시설 관리 외에 정책 운영이라는 분야까지 시민참여 경험이 축적된다면 향후 뉴욕 '센트럴파크 컨서번시'나 뉴욕 '하이라인의 친구들'과 같이 종합적이고 체계적인 시민 주도 공원 관리 시스템의 출현은 이미 예정된 것이라 할 수 있을 것이다.

서울숲과 시민참여 _ 시민참여를 통해 완성되는 도시공원 / **도시 생태계는 살아있다** _ 도시 생태계 회복을
위한 서울그린트러스트 활동 / Seoul Green Dream _ 서울그린트러스트의 도시 공원 혁신 스토리

4장

새로운
내일을 위하여

"왜 도시공원이 시민참여에 관심을 가져야 하는가? 도시공원은 녹색 서비스와 사회적 가치를 생산하는 공장이다. 서비스와 사회적 가치를 어떻게 생산할 것인가가 중요한데, 여기서 시민은 도시공원의 가치 생산자이면서 가치 소비자이다. 그렇기 때문에 도시공원의 생태적, 문화적 다양성과 가치 생산성을 높이기 위해서 시민참여는 필수조건이다. 도시공원은 시민들의 삶과 상호작용하는 도시 문화를 담는 그릇으로서, 자연을 제공함과 동시에 도시 환경의 문화적 가치를 확대 재생산하는 문화발전소의 기능을 담당한다. 그러나 지금까지의 행정은 편의적인 기능만을 강조하여 시설 유지관리에만 집중하여 온 것이 현실이다."

서울숲과
시민참여

시민참여를 통해 완성되는 도시공원

김인호 _ 서울그린트러스트 운영위원장, 신구대학교 교수

도시공원,
우리의 자산이다

사람들에게 가장 정서적인 안정감을 주는 색이 바로 녹색이다. 녹색은 자연과 생명, 평온함을 상징한다. 급속한 개발과 숨 가쁜 일상에 쫓긴 도시민들이 숲을 찾고 있다. 숲은 오염된 공기를 정화시키는 '자연 공기청정기'다. 도시공원은 행복한 삶을 영위하는 데 있어 선택이 아닌 필수불가결한 조건이다. 도시공원은 바람길이 되고, 도시가 호흡할 수 있는 허파 역할을 한다.

기후변화 시대에서 도시공원은 환경적으로 매우 중요한 역할을 수행한다. 도시 열섬 현상은 여름철 도시에서의 생활을 힘들게 한다. 여름철 도심은 복사열

로 한밤까지 찜통 더위가 이어지는 열섬 현상이 자주 나타난다. 태양복사열이 회색빛의 건축물과 아스팔트를 비롯한 인공 포장재에 축적되었다가 해가 지고 나면 주변 공간으로 열기가 퍼져 도시의 낮과 밤의 온도 차이가 없는 것도 이미 우리의 일상이 되고 있다. 특히, 여름철 이상 폭염으로 인하여 일사병으로 사망한 대부분의 경우가 노인을 비롯한 사회적 취약자와 보호가 필요한 약자들이다. 도시 열섬 현상을 저감하기 위해서는 도시의 불투수층을 거둬내고, 숲을 조성해야 한다. 숲은 기후조절뿐 아니라 이산화탄소를 흡수하고 산소를 방출해 도시가 숨을 쉴 수 있도록 해주기 때문이다. 여름철 가로수는 시원한 도시 생활의 비타민 같은 역할을 한다.

도시공원과 도시숲은 무분별한 도시의 팽창을 막고, 도시공간의 골격을 형성하는 데 중요한 역할을 한다. 물론, 환경생태적, 여가적, 경제적으로도 중요한 기능을 담당한다. 탄소흡수 및 저감에 기여하는 저탄소 녹색 성장의 인프라이며, 대기정화, 열섬 현상 제어, 수원 함양 및 수질 보전 개선, 생물다양성 증진 등에 공헌한다. 또한, 정적 및 동적 여가공간으로서 시민의 웰빙과 건강을 위한 필수 인프라이며, 관광객 및 경제 인구 유치의 기회를 증가시켜 지역의 자산assets 가치를 높이고 지역 경제 활성화에 공헌할 수 있다.

도시공원과 도시숲은 오늘날 사치가 아니라 지속가능한 도시에 필수적인 요소로 널리 평가받고 있다. 미래의 녹색 사회에서 가장 중요한 그린 인프라스트럭처Green Infrastructure*로서 인식되고 있는 것이다. 잘 관리된 도시공원은 도시의 경제, 문화, 노동, 교육 등 도시를 구성하는 모든 분야에 긍정적 영향을 미치며, 도시의 경쟁력과 시민의 삶의 질을 결정하는 핵심 요소이다. 도시공원은 지역에 살고 있는 시민들이 이웃 간의, 자연환경과의 또는 도시와의 관계를 형성하는 공

---

*지역의 생활 지원 시스템으로, 이것은 도시와 마을들 간의 또는 그 안에 있는 자연환경 요소들과 녹지 공간을 네트워크 해주는 것이고 다양한 사회, 경제, 환경적 이점들을 제공한다.

도시공원의 가치는 돈으로 환산하기 어려울 정도로 크고 깊다. 그렇기 때문에 도시공원 조성은 적어도 100년 앞을 내다보는 시민 건강과 녹색 복지를 위한 가장 확실한 투자다. 사진은 2004년 봄, 서울숲에서 진행된 나무 심기 행사 광경

간이다. 이는 공공자산이면서 동시에 공공공간으로 인식되어 왔다. 시민은 본래, 공공공간을 통해 사람들과 교류하여 공동체성을 강화시켜 지역사회 내에서 역량 있는 주체로서 성장하고 스스로 지역을 이끌어나갈 수 있는 힘을 얻게 된다.

이렇듯, 도시공원에서 이루어지는 다양한 프로그램은 지역 커뮤니티를 강화하고 함께 모일 수 있는 장소와 기회를 제공해 지역 공동체 강화에 기여한다. 사회적 자본social capital을 형성하고 지지하는 역할을 한다. 도시공원은 도시의 소통의 장이자 지속가능한 사회를 꿈꾸는 민주시민의 참여의 장으로서, 도시공원은 도시와 삶의 새로운 변화를 앞서 수용하고 새로운 비전을 제시하는 공간으로 탈바꿈하고 있다. 도시공원은 시민들이 지역을 위해 봉사하고 참여하게 하는 주체적인 역할을 담당할 수 있도록 하는 터전이기도 하다. 공동체가 강화된 도시공원은 시민들 간에 자발적이며 수평적으로 형성되는 네트워크를 바탕으로 사회적 관계가 형성된다. 도시공원에서 지역 공동체를 높여 범죄율을 감소시킨 사례도 있다.

도시공원의 가치는 돈으로 환산하기 어려울 정도로 크고 깊다. 그렇기 때문에 도시공원 조성은 우리들은 물론 적어도 100년 앞을 내다보는 시민 건강과 녹색 복지green welfare를 위한 가장 확실한 투자다.

도시공원,
패러다임이 변화하고 있다

도시공원의 핵심가치 패러다임이 변화하고 있다. 기존의 환경생태적 가치에서 사회문화적인 가치로의 변화가 그것이다. 도시공원의 이익Benefits of Urban Parks에 대한 최근의 조사 결과를 살펴보면, 건강, 사회적 연대, 여가, 집값 등의 사회문화적 측면이 강조되고 있는 것을 알 수 있다. 이것은 도시공원이 다양한 가치와 융합하고 있다는 것을 의미한다.

최근 도시공원은 새롭게 변신을 하고 있다. 도시공원이 정원 문화와 도시농업과의 결합을 시도하는 것이 단적인 예이다. 도시공원과 정원과의 만남은 그리 낯설지 않은 융합이지만 도시농업과의 결합은 최근 신드롬과 같이 확산되고 주목을 받고 있는 시대정신의 영향이기도 하다. 정원 문화와 도시농업은 이제 생활 문화의 하나로 자리잡아가고 있다. 작게는 주택정원부터, 넓게는 아파트단지의 공공정원(아파트조경이라고도 한다)까지 정원을 가꾸는 데 시민들의 참여와 움직

●
도시공원과 도시농업
의 결합은 공원의 패러
다임을 바꾸고 있다.

임이 분주해지고 있다. 정원과 도시농업 분야에서 아마추어와 프로페셔널의 경계가 사라지고 있고 소비자와 공급자의 역할과 균형도 변화하고 있다.

정원이 부의 상징이었던 시대는 지나갔다. 정원은 무릇 계층과 세대를 넘어 소통의 장소로 변신하고 있다. 정원과 정원 문화는 시민들이 꿈을 디자인할 수 있는 터전이고 바탕이다. 관조와 감상의 자연과 경관이 시민들의 정성과 감성을 모아내는 새로운 삶의 도구로 정착되고 있는 것이다.

초고령화 사회로의 진입, 베이비붐 세대의 은퇴 등 사회 현상과 인구 변화는 정원 문화의 확산과 도시농업 활성화에 새로운 기회 요인이다. 도시공원과 정원의 만남은 이미 예견되어 있었고, 정원 문화의 활성화는 도시공원에 시민들의 자원봉사와 참여의 가능성을 높이고 있다. 꼼꼼한 준비가 된 것은 아니지만 도시공원과 도시농업의 만남은 공공성과 사유성의 결합이기도 하다. 도시농업을 노동과 예술의 만남으로, 자연과 이웃과 함께하는 즐거운 노동으로 해석하는 학자도 있다. 도시공원의 녹색 서비스는 이런 모습으로 우리에게 다가오고 있다.

도시공원,
사람 중심으로 정책이 바뀌고 있다

최근 서울시와 수원시를 비롯하여 여러 지방자치단체에서 공원녹지 정책의 변화가 목격되고 있다. 2013년 4월 1일 서울시는 푸른도시 선언을 통해 서울이 공원이라고 천명하였다. "서울이 공원이며, 시민이 공원 주인이다"라는 선언문에 담긴 9개 항목들은 지금까지의 고정관념을 바꾸는 것들이어서 그 의미가 새롭다. 특히 공간을 대상으로 하던 관점에서 사람을 중심으로 하는 정책으로의 전환은 시대정신을 적극적으로 받아들인 것으로 평가되고 있다. 서울시는 2012년 말에 공공조경가 그룹과 함께 공원혁신위원회를 설치하여 공원녹지 분야의 시민참여에 새로운 지평을 열어나가고 있다.

수원시는 서울시보다 며칠 앞선 2013년 3월 26일 "시민이 녹색 도시의 주인이다"라는 주제로 열린 '제1회 수원그린포럼 2013'에서 수원시 공원녹지에 관한 비전을 발표하였다. 수원시 그린비전 선언은 시민의 삶의 질을 높여주는 녹색 도시 조성, 시민과 함께 만드는 녹지공간 확충, 오감만족 자연치유의 3가지 주제를 담고 있는데, 시민참여가 키워드로 자리잡고 있다.

광주광역시는 푸른길공원의 관리 운영을 시민들 참여로 실시한다는 내용을 담은 '광주광역시 푸른길공원 시민참여 관리·운영 조례안'을 2012년에 통과시켜 푸른길공원의 관리 운영에 시민들의 자발적인 참여를 유도하고 있다. 또한 이 조례를 바탕으로 효율적인 관리·운영을 위해 일정 자격을 갖춘 법인이나 단체 또는 개인에게 공원 관리와 운영을 위탁할 수 있게 됐다. 물론 이는 '도시공원 및 녹지 등에 관한 법률' 제20조에 명시되어 있는 "일정한 자격을 갖춘 법인이나 단체 또는 개인에게 관리·운영을 위탁할 수 있다"는 조항에 기초한 것이다.

이뿐만이 아니다 시흥시는 군자배곧신도시공원녹지 등 녹색 공간 계획에 시민참여형 공원을 만들기 위해 조경설계 방향도 생명이 호흡하는 건강한 '치유공원', 사회적 가치를 만드는 '시민참여 공원', 사람과 자연, 도시의 삶을 담은 '문화공원'으로 정한 바 있다. 도시의 공원녹지 정책과 관련한 최근의 변화를 통해서도, 시민참여가 시대적 과제라는 것을 새삼 확인할 수 있게 된 것이다.

도시공원,
시민참여가 필요한가

왜 도시공원이 시민참여에 관심을 가져야 하는가? 도시공원은 녹색 서비스와 사회적 가치를 생산하는 공장이다. 서비스와 사회적 가치를 어떻게 생산할 것인가가 중요한데, 여기서 시민은 도시공원의 가치 생산자이면서 가치 소비자이다. 그렇기 때문에 도시공원의 생태적, 문화적 다양성과 가치 생산성을 높이기 위해서 시민참여는 필수조건이다.

도시공원은 시민들의 삶과 상호작용하는 도시 문화를 담는 그릇으로서, 자연을 제공함과 동시에 도시 환경의 문화적 가치를 확대 재생산하는 문화발전소의 기능을 담당한다. 그러나 지금까지의 행정은 편의적인 기능만을 강조하여 행정 중심으로 도시공원의 시설 유지관리에만 집중하여 온 것이 현실이다. 앞으로 도시공원이 가지고 있는 다양한 녹색 서비스를 국민들에게 전달될 수 있도록 질 높은 운영·관리가 요구되고 있다.

도시공원을 통해 생산할 수 있는 서비스는 크게 3가지로 구분할 수 있다. 1차 서비스는 환경적, 재해방재적 측면의 공공재적 서비스다. 2차 서비스는 공급자의 노력으로 교육적, 휴양적, 치유적, 건강적 요소를 도입하고 있는 서비스다. 1, 2차 서비스가 공급자적 서비스였다면, 3차 서비스는 청소년문제, 노인문제, 실업문제 등 사회문제를 해결할 수 있는 내용을 담아야 한다. 1, 2, 3차 서비스는 수준과 내용의 차이가 있을 뿐 통합적으로 모색되어 제공되는 것이 바람직하다. 서비스 개발과 공급이라는 측면에서 여러 가지 전략, 전술과 고민이 필요하다.

도시공원이 어떤 내용과 수준의 서비스를 제공할 것인가에 대한 고민이 필요하다. 누가 서비스를 공급할 것인가도 중요하다. 두 가지를 고민할 필요가 있다.

첫째는 공급하고 제공하는 서비스의 수준이 높아야 한다는 문제이다. 그래야 우리의 역할과 몫이 분명해진다. 제공할 수 있는 서비스가 민감한 사회문제를 해결하려는 목표를 가지면 좋은데, 쉽지 않다. 하지만 서비스가 사회문제 해결에 초점을 가질 때 공원녹지 분야의 사회적 가치와 몫은 훨씬 많아지고 풍부해질 수 있다. 어렵지만 도전해야 한다. 우리가 사회문제를 완전하게 해결할 수는 없지만 사회문제 해결을 지향한다는 태도와 자세는 필요하다.

둘째는 서비스의 수준을 높이고 다양화하기 위해서는 서비스의 공급자가 경쟁 체계를 유지하며 공급 주체가 다양해야 한다. 도시공원의 예를 보면 서비스

생활권에 인접한 도시공원은 10대와 60대가 함께 행복할 수 있는 대안을 제시할 수 있다. 노인문제, 고용문제, 청소년문제 등 사회문제를 도시공원에서 완결적으로 해결할 수는 없지만 시민참여를 통한 운영관리는 사회문제의 해결 방안을 모색하는 데 기여할 수 있다.

의 공급자는 현재까지는 행정 중심이다. 시민이 직접 서비스의 공급자로 변신해야 할 시점이다.

도시공원의 시민참여와 파트너십 활성화는 국가마다 서로 다른 이유를 가지고 있지만 공통적으로 정부 또는 지자체의 재정 압박 및 운영 효율화, 질 높은 서비스 제공과 연계되어 있다. 북미에서는 컨서번시conservancy 또는 프렌드십friendship과 같은 민간의 기부가 활성화되어 있으며, 일본에서는 지역주민 중심의 자원봉사 활동과 지정관리자 제도＊와 같은 민간위탁 프로그램이 운영되고 있다. 또한 영국에서는 지역경제 활성화와 사회문제 해결과도 긴밀하게 연계하여 운영하고 있다. 우리나라도 최근 세계 금융위기로 인한 성장의 한계, 지자체의 모라토리엄 선언, 지자체 공원녹지 예산의 축소 등 재정 압박 문제가 크게 등장하고 있으며, 이에 따라 지자체별로 공원을 포함한 공공시설 재정 운영의 효율화를 위한 노력이 어느 때보다 필요한 시기이다.

시민참여는 도시공원의 녹색 서비스 생산과 공급을 위한 기반이다. 도시공원의 질 높은 유지 관리, 도시공원의 잠재된 사회, 문화, 경제적 가치를 발현시킬 수 있는 운영을 통해 새로운 일자리 수요가 예상된다. 생활권에 인접한 도시공원은 초고령화 사회에 노인, 어르신, 은퇴자들에게 자아실현, 자원봉사 활동의 기회를 제공할 수 있을 뿐만 아니라 노인들의 건강을 유지하는 데도 도움을 줄 수 있다. 도시공원에서 10대와 60대가 함께 행복할 수 있는 대안**을 찾을 수도 있다. 노인문제, 고용문제, 청소년문제 등 사회문제를 도시공원에서 완결적으로 해결할 수 없지만 시민참여를 통한 운영 관리는 사회문제의 해결 방안을 모색하는 데 기여할 것으로 기대된다. 이것은 도시공원의 주요 주제가 공간 디자인Space Design 측면에서 사회 디자인Social Design 측면으로 전이하고 있는 것을 의미한다.

---

* 지정관리자 제도는 다양한 시민의 요구에 보다 효율적, 효과적으로 대응하기 위해 공공시설의 관리에 민간의 능력을 활용하여 주민 서비스를 향상시키는 것과 함께 경비 절감 등을 도모할 것을 목적으로 하고 있다. 이 제도는 공공시설을 민간업자가 일원적으로 관리 및 운영함으로써 시민들을 위한 시설의 효율적인 운영·관리가 가능하다는 장점이 있다. 또한 NPO법인 등이 관리 운영을 담당할 경우에는 주민이 지역시설의 관리 및 운영에 주체적으로 참여 할 수 있다는 점 역시 큰 장점으로 부각되고 있다. 행정에 있어서는 전술한 효과 이외에 해당시설의 관리에 필요한 인원의 감소와 비용 절감을 할 수 있다는 것이 이점이라 할 수 있다. 또한, 관에서 민으로의 흐름을 자연스럽게 수용하는 이 제도의 활용으로 주민자치 의식을 고양시킬 수 있다.

** 청소년문제는 30~40대보다 60대 시니어그룹이 나서서 해결하는 것이 바람직하다.

도시공원이 제공하는 서비스의 영역과 차원이 진화할 필요가 있으며, 이러한 진화를 위해 민관 파트너십(거버넌스) 운영과 같은 서비스 공급자의 다양화는 무엇보다도 필수불가결한 요건이 되고 있다. 새로운 도시공원 서비스의 공급자가 필요하다. 행정 중심의 단일형 서비스 공급자에서 다양하고 유연한 서비스 공급자가 요구되는 이유이다.

도시공원의 주인인 시민들이 직접적으로 운영 관리에 참여하고 관여하게 된다면, 지역 공동체 문화를 활성화시킬 수 있을 뿐만 아니라, 나아가 시민이 주체가 되어 이끌어나가는 공간으로 발전시킬 수 있다. 이제는 만들어 주는 도시공원을 시민들이 이용만 하던 시대는 끝나가고 있다. 계획 단계부터 운영 관리까지 시민들이 주도적으로 참여하는 시대가 오고 있다. 우리나라 도시공원은 이제 시민참여를 통해 관리maintenance에서 경영management의 시대를 맞이하고 있다.

서울숲,
시민참여의 메카이다

도시공원의 운영 관리에 거버넌스(민관 파트너십)를 도입하는 데 가장 중요한 것은 누가 주체인가의 문제이다. 이미 오래전부터 거버넌스는 상존해 왔으나 다만 그 주체가 늘 정부 중심이었다. 거버넌스를 통해 효과적인 결과를 얻기 위해서는 정확한 주체가 필수적이다. 우리나라 거버넌스의 문제점 중의 하나는 핵심인 주민, 시민 주체가 부재한다는 점이다.

도시공원 거버넌스의 범위 설정이 필요한데, 조성 후 유지 관리와 운영 관리까지 포함이 되어야 진정한 의미의 거버넌스라고 할 수 있다. 장기적인 관리와 참여에 대한 단절의 문제가 심각한 상황이며, 이러한 관리 부분이 모호할 경우에는 결국 거버넌스 핵심 중의 하나인 주체의 문제가 흔들리게 된다. 도시공원 관리의 책무는 지방정부에게 있다. 지자체는 초기 참여부터 관리까지 장기적

마스터플랜을 바탕으로 그 역할을 수행해 나가야 하며, 진행 중에 발생하는 재정 문제와 관련해서는 기업의 참여 활성화를 위한 창의적인 프로그램과 콘텐츠가 개발되어 도시공원의 브랜드 가치를 높여야 한다.

서울숲은 새로운 시대에 시민들과 함께 조성하고 운영하는 시민참여형 도시공원의 아이콘으로 성장하고 있다. 하지만 아직도 실험 중이고 도전 중이다. 서울숲은 우리에게 전문성과 지식, 그리고 기술을 필요로 하는 도시공원의 조성과 보전, 유지 관리에 시민참여를 원활하게 유도하기 위해서는 누군가가 체계적인 과정을 주도해야 하고 도움을 줘야 한다는 것을 일깨워 주었다. 즉, 지속적이고 건강한 시민참여를 통해 유지 관리와 운영 관리가 연착륙하기 위해서, 도시공원의 거버넌스형 관리 운영, 시민참여 활성화를 위해서는 '서울그린트러스트, 서울숲사랑모임'과 같은 제3섹터가 필요하다는 것을 가르쳐주었다. 서울숲은 우리에게 자발적이고 상향식 정책을 실현하는 새로운 중간조직이 무엇보다 중요하다는 것을 일깨워준 교과서이기도 하다.

서울숲의 시민참여는 여러 유형으로 시도되고 있다. 어떻게 보면 서울숲은 시민참여의 백화점이기도 하다. 소액 기부, 나무 심기, 해설을 통한 자원활동, 행사, 이벤트, 캠페인의 자원봉사, 공간 개선 참여 등 참여자의 수준과 특성에 따라 다양한 스펙트럼의 참여가 진행되고 있다. 규모와 시기도 다채롭고, 유형도 가지가지인데, 중요한 것은 시민참여에 도전하는 시민들이나 바라보는 시민들이나 모두 감동을 공유하고 있다는 것이다.

최근 서울숲의 시민참여센터 역할을 하는 서울숲사랑모임의 비전을 살펴보면 유의미한 서울숲의 시민참여의 성과를 읽어낼 수 있을 뿐만 아니라 앞으로 시민참여를 통해 도시공원을 완성하기 위한 혁신적 도전을 시작하는 서울숲사랑모임의 의지를 만날 수 있다.

첫째, 사회적 문제 해결을 위해 도시 공동체를 활성화한다. 어린이와 청소년에게 생명 존중의 가치 교육을, 청년들에게 녹색 일자리를, 시니어들에게 건강하고 활동적 삶의 기회를 제공한다. 삶의 질을 높이기 위한 녹색의 비전과 가치를 공유할 수 있는 아카데미, 도시공원대학을 통해 시민참여 리더를 양성한다.

둘째, 다양한 시민참여를 위해 자원봉사자와 사회공헌 활동을 활성화한다. 도시숲, 도시공원에 대한 공유가치 창출csv 실현 기회를 확대한다. 스스로 공원의 주인으로서 역할을 할 수 있도록 다양한 기회를 제공한다.

셋째, 거버넌스를 체계화하여 상호보완적 관리 운영 방안을 제시한다. 서울숲의 시민참여 공원 운영의 모델을 타공원과 도시숲으로 전파하기 위한 공원 운영 매뉴얼을 개발한다. 지역사회와 공원을 연결하는 그린웨이 프로젝트 등 다양한 파트너십과의 협력을 통해 사업을 수행한다.

서울숲사랑모임의 도전과 실험은 우리나라 도시공원에서 시민참여의 미래를 예견할 수 있는 시금석이기도 하다. "새로운 공원 문화와 시민참여의 가치 확산"이라는 서울숲사랑모임의 시민참여 활성화를 실현하기 위해 기획되고 시도되는 청소년 리더십 프로그램(축제 기획단, Outdoor School 등), 행동하는 시니어 프로그램(일명 뉴 시니어 세대 ※를 서울숲의 액티브 시니어로, 서울숲 도시정원사 등), 공동체 프로그램(세대 통합 리빙 라이브러리, 시민참여 텃밭, 도시공원 아카데미 등), 생태문화 프로그램(책 읽는 공원 서울숲, It's my park day, 아낌없이 주는 서울숲 등), 시민참여 활성화 프로그램은 어느 하나 빠져서는 안되는, 서울숲에서 그리고 우리나라 도시공원에서 시민참여를 활성화하는 자양분이다.

자원봉사의 메카, 기부, 후원 등 시민참여에 의한 새로운 공원 이용 패러다임을 제시해왔던 서울숲은 이제 청소년, 노인문제 등 사회문제를 해결하는 대안공간으로 변신과 성장을 모색하고 있다. 성공 여부를 떠나 참 기특하고 열심히 노력하는 모습이 역력해서 매력적이고 도와주고 함께 하고 싶은 측은지심이 들기도 한다. 그래서 우리나라 도시공원 시민참여의 미래를 이야기할 때 우리는 서울숲과 서울숲사랑모임을 보라고 감히 이야기하는 것이다.

서울숲에서 진행된
'It's my park day'
의 행사 광경

＊ 뉴 시니어 세대는 정년을 맞은 한국의 베이비붐 세대(1955년에서 1963년 사이에 태어난 연령층으로 인구의
14.7%인 720여만 명을 차지함)를 일컫는 표현으로 문화적, 경제적으로 급속한 발전을 도모했으며, 독립적이고 적
극적인 성향과 경제력을 가졌다하여 뉴 시니어 세대라 불린다.

"서울그린트러스트의 경우 그동안 체계적이지는 않지만, 도시 숲 조성 및 자투리땅 녹화 사업을 통해 도시 열섬 저감을 위한 활동 등 생태계 서비스 증진과 관련된 다양한 활동을 진행해 온 바 있다. 이제 새로운 10년을 맞이하여 그동안 산발적이고 비정기적으로 진행되었던 이런 활동들을 체계화하고 정례적으로 진행하는 것이 필요하다. 이를 바탕으로 우리나라 도시들의 생물다양성과 생태계 서비스 증진을 위한 활동의 활성화와 국제적인 연대 활동 등도 활발하게 진행해 나가야 한다. 새로운 10년, 서울그린트러스트의 생물다양성 확보와 생태계 서비스 증진을 위한 다양한 활동들을 기대해 본다."

도시 생태계는 살아있다

도시 생태계 회복을 위한 서울그린트러스트 활동

오충현 _ 동국대학교 바이오환경과학과 교수

새로운 도시녹화 시민운동

산업혁명 이후 지속된 도시화로 인해 현재 전 세계 인구의 50%는 도시에 거주하고 있다. 우리나라의 경우 1970년대 이후 지속된 산업화로 인해 전체 인구의 90% 이상이 도시에 살고 있어, 다른 나라들과는 달리 국가 전체가 도시와 유사한 유형인 도시 국가 시대에 살고 있다. 이와 같은 우리나라의 도시 특성에서 서울그린트러스트와 같이 도시 내에 녹지를 조성하고 관리하기 위한 시민단체의 활동은 매우 중요하고 고무적이다. 서울그린트러스트는 지난 10년 동안 민간참여의 사각지대였던 도시녹화 분야에서 매우 다양하고 중요한 실험을 진행해왔다. 그리고 그 실험들은 이제 새로운 시민운동으로 자리잡아가고 있다.

도시 생태계 회복과
생물다양성

이런 시점에서 서울그린트러스트의 새로운 내일을 위한 주제로 도시 생태계 회복에 대한 문제를 제기해보고자 한다. 도시 생태계 회복을 위한 활동으로 가장 널리 논의되고 있는 주제는 생물다양성 증진이다. 1988년 에드워드 월슨에 의해 생물다양성 개념이 발표된 이후 생물다양성은 지구 환경을 지키는 가장 중요한 원칙이 되었다. 우리나라의 경우에도 자연환경보전법과 같은 법제도를 통해 이 원칙을 충실하게 지켜나가고 있다. 생물다양성 보전의 중요 개념은 유전자 다양성, 종 다양성, 서식지 다양성을 확보하는 일이다. 이런 생물다양성 보전의 원칙들을 도시 내에서 유지하는 것은 매우 어려운 일이다. 도시는 그 특성상 건물과 시설, 인구가 밀집되어 인간 외의 다른 생물들이 살아가기에는 매우 척박한 공간이기 때문이다. 하지만 역설적으로 도시는 생물다양성 확보를 위한 시민들의 인식을 증진시키고, 교육 기회의 확대, 생물다양성 보전을 위한 시민참여 증대 등을 위해 가장 중요한 곳이기도 하다. 서구의 여러 도시들은 이런 관점에서 도시 내에서도 생물다양성을 확보하기 위한 다양한 활동을 계획하고 이를 실천해나가고 있다. 프랑스 파리에서 진행되고 있는 생물다양성 증진 계획 등이 대표적인 사례이다.

서울의 경우 과다한 개발이 이루어졌음에도 불구하고 아직도 다양한 생태경관보전지역과 북한산국립공원, 한강 밤섬의 람사르 사이트와 같은 중요한 자연자산들이 많이 남아있다. 또한 서울 곳곳에 산재한 많은 공원들과 도시숲을 생물다양성 보전이라는 관점에서 관리하고 지켜나가는 것과 점점 줄어들고 있는 논밭과 같은 농업 기반을 바탕으로 생물다양성을 보전해나가는 것도 중요한 과제이다. 서울그린트러스트에서는 그동안 개발제한구역 보전 운동, 도시숲 조성 운동, 도시농업 운동 등을 통해 이와 같은 활동들을 해왔지만, 생물다양성이라는 핵심적인 주제를 중심으로 하는 활동은 다소 부족했던 것이 사실이다. 이제

서울그린트러스트는 그
동안 도시숲 조성 운동,
도시농업 운동 등 다양한
사업을 전개해왔지만, 생
물다양성 보존 측면에서
는 다소 부족한 점이 있
었던 것이 사실이다. 앞
으로 이와 관련된 본격적
인 활동이 기대된다. 사
진은 대표적인 도시숲으
로 자리 잡은 서울숲

는 서울의 각 지역에 있는 생물다양성 자원을 조사하고, 이들을 보전하고, 그 기
능을 증진시키기 위한 다양한 활동들을 진행하는 것이 필요한 시점이 되었다.

또 하나의 과제,
생태계 서비스 증진

서울그린트러스트가 생물다양성 보전과 함께 고려해야 할 중요한 과제는 생
태계 서비스 증진을 위한 활동이다. 생태계 서비스는 생물다양성 확보를 기반
으로 생태계가 사람과 자연에게 주는 여러 가지 효용을 통칭하는 용어이다. 우

리나라의 경우 서비스라는 용어가 조금 어색하게 들리지만 자연이 주는 여러 가지 혜택을 서비스라는 용어로 설명한 것이 생태계 서비스라고 이해하면 쉽다. 유엔에서는 지난 2000년, 전 지구적으로 생태계 서비스의 유형을 구분하고 평가하는 연구를 진행하였다. 이것이 유명한 새천년 지구환경평가MA: millenium assessment이다. 이 연구에서는 생태계가 지구에 주는 효용을 공급 서비스, 조절 서비스, 문화 서비스, 부양 서비스로 구분하였다. 공급 서비스는 생태계가 제공해주는 식량과 먹이, 물, 섬유 등의 서비스이다. 조절 서비스는 기후 조절, 질병 조절 등의 서비스이다. 문화 서비스는 교육, 여가, 예술적 영감 등의 서비스이다. 부양 서비스는 생태계 부양을 위한 광합성에 의한 1차 생산, 토양 형성 등의 서비스이다. 또 이 연구에서는 지구의 주요 생태계를 산악과 극지, 산림, 하천 및 기타 습지, 건조지역, 경작지, 도시지역, 연안, 도서, 해양으로 구분하였다. 지구상의 어느 지역도 이중 최소한 두 개 이상의 생태계를 공유하고 있다고 볼 수 있다. 이중 서울그린트러스트의 주요 활동 무대가 되는 도시는 생태계를 통해 대기질의 조절, 물 조절, 지역적인 기후 조절과 같은 조절 서비스, 문화유산, 여가 및 교육 등과 같은 문화 서비스가 활발한 지역이다. 이와 같은

생태계 서비스 증진 가운데 조절 서비스 증진을 위해서는 물 순환 환경 개선, 토양 기능 회복, 자연지반 및 인공지반 녹화와 같은 녹화사업 등이 필요하다.

서비스들은 도시지역이 가지고 있는 생물다양성에 기반을 두고 있으므로 도시지역 생물다양성의 증진은 이런 효과들을 높이는 데 큰 도움을 주게 된다.

세계 각국은 2012년 생물다양성과 생태계 서비스가 가지는 중요성을 감안하여 생물다양성과 생태계 서비스 증진을 이행하기 위한 IPBESIntergovernmental Science-Policy Platform on Biodiversity and Ecosystem Services라는 국제기구를 출범시킨 바 있다. IPBES는 생물다양성 협약 등 생물다양성 증진을 위한 다양한 활동을 지원하게 된다. 하지만 국내의 경우 아직 이 부분의 활동은 매우 미진한 편이며, 특히 도시지역의 경우는 더욱 그러하다. 이를 위해 시민사회 영역에서 도시를 대상으로 생물다양성 및 생태계 서비스 증진을 위한 다양한 활동을 전개하는 것은 도시 생태계 보전을 위해 매우 중요한 역할이 될 것으로 기대된다.

도시지역에서 생태계 서비스 증진을 위한 활동으로는 다음과 같은 내용들을 고려해볼 수 있다. 조절 서비스 증진과 관련해서 도시 열섬 저감, 물 순환 환경 개선, 토양 기능 회복, 자연지반 및 인공지반 녹화와 같은 녹화사업 등의 활동이 가능하다. 공급 서비스 증진으로는 도시농업 활성화, 다양한 녹지 확보 및 관리 등의 활동이 가능하다. 문화 서비스로는 녹색 여가, 교육, 산림 치유 등과 관련된 다양한 복지 분야의 활동과 관광, 예술 등의 활동이 가능하며, 이 분야는 시민사회 영역에서 가장 꽃을 피울 수 있는 생태계 서비스 분야이기도 하다.

서울그린트러스트의 경우 그동안 체계적이지는 않지만 도시 열섬 저감을 위한 활동 등 생태계 서비스 증진과 관련된 다양한 활동을 진행해 온 바 있다. 이제 새로운 10년을 맞이하여 그동안 산발적이고 비정기적으로 진행되었던 이런 활동들을 체계화하고 정례적으로 진행하는 것이 필요하다. 이를 바탕으로 우리나라 도시들의 생물다양성과 생태계 서비스 증진을 위한 활동의 활성화와 국제적인 연대 활동 등도 활발하게 진행해 나가야 한다.

새로운 10년, 서울그린트러스트의 생물다양성과 생태계 서비스 증진을 위한 다양한 활동들을 기대해 본다.

"2013년 10월에 열린 두 가지 축제는 주목할 만하다. 서울숲 가을 페스티벌에서는 고등학생들이 스스로 축제 프로그램을 기획하고 '서울숲은 보물섬이다' 라는 기치 아래 여러 프로그램을 자원봉사자들이 운영하였다. 토요일 오후 서울숲에서 많은 가족들이 프로그램을 즐기는 과정을 관찰하면서 공원이 플랫폼의 역할을 충실히 수행하고 있다는 점을 확인할 수 있었다. 서울숲 동네 꽃 축제는 사랑방 역할을 하는 녹색공유센터를 기반으로, '화목한 수레' 들이 동네 곳곳을 오가며 꽃을 심는 즐거움을 전파하며 주민들이 소통할 수 있는 계기를 만들었다. 작은 실천이지만 녹색을 통한 도시 재생의 단초를 찾을 수 있는 가능성이 엿보였다."

Seoul Green Dream

서울그린트러스트의
도시 공원 혁신 스토리

조경진 _ 서울그린트러스트 상임이사 / 서울대학교 교수

시작하며 -
서울의 자연, 서울의 공원,
서울그린트러스트

서울은 축복받은 도시이다. 세계 어느 나라를 방문해 보아도 산들로 둘러싸인 도시를 볼 수 없다. 내사산과 외사산은 서울을 굳건히 지키는 수호신과 같은 존재이다. 자주 오르는 대모산 정상에서 보는 풍광은 역동적이다. 겹겹이 에워싸고 있는 근교산과 그 중심을 관통하는 한강과 지천은 도시의 삶을 지탱하게 해준다. 주변의 산과 언덕, 강과 지천은 사람들이 지혜롭지 못하게 개발한 도시를 넉넉히 품어준다.

흔히들 각종 통계자료로 서울의 공원이 선진국에 비해 부족하다는 얘기를 한다. 그러나 나는 그러한 주장에 선뜻 동의하지 않는다. 물론 주변의 산을 제외한 생활권 공원 면적은 다른 외국 도시에 비해 부족하다. 그러한 사실을 근거로 생활 주변에 공원을 늘리는 것은 중요하다. 그러나 서울 사람들은 근교산을 외국 도시의 공원처럼 활용하고 있다. 뉴요커들이 센트럴파크에서 조깅을 하고 자전거를 탄다면, 서울 시민은 북한산에서 등산을 하고 한강에서 자전거를 탄다. 도시마다 처한 각기 다른 자연적 조건이 다른 공원 문화를 낳게 한다.

아무리 도시 근교에 산이 많다 하더라도 과밀의 도심에 숨 쉴 수 있는 공원은 필요한 법이다. 서울은 1899년에 조성된 탑골공원을 시작으로 해서 100년이 넘는 공원의 역사를 지니고 있다. 1996년 지방자치제도가 도입된 후 보다 적극적으로 도시공원이 조성되기 시작했다. 여의도공원을 시작으로 해서, 선유도공원, 월드컵공원, 서울숲, 북서울꿈의숲 등 서울의 대표 공원들이 이 시기에 등장했다. 이러한 공원들은 시민들의 여가 및 레저의 수요가 급증하면서 생활 속에서 즐겨 찾는 장소로 활용되고 있다.

도시 속의 공원의 가치가 새롭게 인식되기 시작하던 시점인 2003년 서울그린트러스트는 그 활동을 시작한다. 설립 이념은 시민의 참여와 봉사의 정신으로 서울의 공원과 녹지를 늘리는 일을 하는 것이다. 현재 서울숲 부지는 초기에 문화관광타운으로 개발하고자 하던 계획을 변경하여 공원화 한 것이다. 서울그린트러스트는 이러한 의사 결정에 직간접적으로 기여하였고, 국내에서는 최초로 공원 조성과 운영에 참여한 민간단체이다. 이후 서울그린트러스트는 다양한 전문가와 활동가, 자원봉사자들이 참여하여 그 활동 범위를 확장해 왔다. 무엇보다도 의미 있는 점은 우리나라 공원 역사에서 민간이 주도하여 자발적으로 추진한 도시공원 운동 모델을 새롭게 제시하고 있다는 것이다.

이 글은 서울그린트러스트의 지난 10년간 도시공원 운동의 변화를 성찰하면서 어떠한 공원 혁신이 이루어지는가를 살펴보고자 한다. 서울그린트러스트의 일련의 활동은 도시공원을 만들고 운영하는 방식의 변화를 선도해왔다. 이러한 일관된 시도들은 시민들이 요구하는 잠재적 요구를 앞서 찾아내고, 세계적인 공원 트렌드를 수용하고자 한 결실이라 생각한다.

여기서는 네 가지의 관점으로 서울그린트러스트가 시도한 공원 혁신의 스토리를 풀어보고자 한다. 어떤 이야기는 작은 실천의 첫걸음을 내딛은 상태이기도 하고, 어떤 이야기는 단지 구상의 단계에 있기도 하다. 그럼에도 네 가지의 화두를 통해 도시공원에 대한 새로운 생각의 길을 찾아가 보고자 한다. 10년 동안 서울그린트러스트에서 일했다 하더라도 개략적인 사업과 프로그램에 대하여 알고는 있지만 그 구체적인 속내까지는 파악하지 못하는 경우가 많다. 여기서는 개인적으로 직접 경험하거나 관심 있게 관찰한 사례를 중심으로 이야기를 펼쳐보겠다.

스토리 하나 -
도시공원에 콘텐츠를 담다

2003년 뚝섬 숲 조성계획 현상공모가 개최되었다. 동심원 조경의 안계동 소장과 함께 현상공모 팀을 꾸려서 설계안을 준비하였다. 생명, 참여, 기쁨의 숲이라는 개념으로 구상을 발전시켜 '서울숲'이라는 이름을 내걸었고 운 좋게 1등작으로 당선되었다. 공원 운영에 시민이 참여한다는 전략을 구상할 때만 해도, '참여'라는 단어는 구체적인 현실이라기보다 추상적인 관념에 가까웠다. 이전에는 서울의 공원에서 시민이 운영에 참여하고 봉사하는 일이 드물었기 때문이다. 2003년 9월경 나는 서울그린트러스트 모임에 처음 참여하였다. 문국현 이사장께서 초청한 여러 기업인들이 서울숲을 위해 후원을 약속하는 자리였다. 대부분의 기업인들은 센트럴파크와 같은 외국 도시에서의 경험을 소중히 생각하며 서울에서도 그러한 녹색 공간을 가지기를 소망한다고 했다. 조경을 공부하고 가르치는 교수의 입장에서 일반 시민들이 간절한 '그린 드림'을 가지고 있

공원을 훨씬 즐겁게 이용
하기 위해서는 '공원에
서 무엇을 하지 말라' 고
하는 규제가 아니라, '공
원에서 이런 것들을 해

보세요' 라고 속삭이는
권유가 필요하다. 사진은
'책 읽는 공원' 캠페인의
일환으로 서울숲에 자리
잡은 '책 수레'

다는 점을 확인한 순간이었다. 이후로 서울그린트러스트 운영위원으로 활동하면서 서울숲에서 시민들이 자발적으로 참여하여 가족 나무를 직접 심는 것을 목도하게 되었다.

2005년 초부터 많은 분들과 함께 서울숲 운영위원회 태스크 포스Task Force로 일하면서 어떻게 공원 운영을 보다 유연한 방식으로 해나갈 수 있을까를 고민하게 되었다. 그 당시 논의되었던 많은 아이디어들은 일부는 실현되기도 하고 혹은 행정과의 협력이 쉽지 않아 구현되지 못했던 경우도 많았다. 2005년 6월 서울숲 개장 초기에는 공원에 프로그램을 도입하는 고민을 할 겨를이 없었다. 공원에서 술 먹는 행위, 애완동물을 데리고 오면서 생기는 배설물, 물놀이로 젖은 옷을 말리는 행위 등 새롭게 주어진 공공 공간을 올바르지 않게 사용하는 사례가 빈번했다. 얼마간의 계도와 캠페인 활동이 이루어지고 나서 서울숲은 안정을 찾아갔고, 2006년에야 비로소 포지티브 캠페인이 전개되었다. '공원에서 무엇을 하지

말라'가 아니라 '이런 것들을 해 보세요'가 공원을 훨씬 즐겁게 사용하는 방법
이기 때문이다.

가장 주목할 만한 아이템은 '책 읽는 공원'이었다. 관리사무실을 개조하여
'숲속 작은 도서관'을 개관하였고, 이동식 '책 수레'를 만들어 공원 곳곳에 배
달하였다. 이러한 캠페인이 소기의 성과를 거두면서 공원 문화라는 것은 주어진
공간을 수동적으로 활용하는 것에서 그치지 않고, 적극적으로 콘텐츠를 생산해
내야 한다는 점을 확인할 수 있었다. 과밀 도심 공간에서 비어있는 공간이라는
그 자체만으로도 공원의 가치는 중요하지만, 거기에 콘텐츠를 담아내면 그 가치
는 배가된다.

이후 생태 교육, 예술 교육 등 다양한 콘텐츠를 기획할 수 있는 사람들을 양성
하는 프로그램도 운영하였다. 2011년부터 시도한 '도시숲+문화기획아카데미'
가 그 대표적인 사례이다. 이후에도 그린과 문화가 만나는 다양한 기획이 이루
어지고 있고, 이러한 콘텐츠의 융합으로 녹색 공간을 넘어서 문화 공간으로 공
원의 가능성을 확장해왔다.

스토리 둘 -
공원을 만드는 과정을 개발하다

2007년에 서울그린트러스트는 '우리동네숲'이라는 새로운 프로젝트를 시도
하게 되었다. 서울숲이라는 거점을 넘어서 생활공간에 밀착한 자투리 땅을 공
원화하는 일이었다. 새로운 일이어서 시행착오도 많았고, 어려운 일도 많았
다. 나는 2007년에서 2008년까지 우리동네숲 위원장을 하면서 자투리땅을 매
개로 작은 공원을 만들며, 동네 사람들이 서로 소통하게 하는 소중한 경험을
몸소 확인할 수 있었다. '우리동네숲 2호'인 개화동의 설계는 2007년 서울대
학교 환경대학원 수업시간에 학생들과 함께 진행하였다. 경험이 없는 학생들

과 일하는 것도 어려운 일이었지만, 주민들과 대화하면서 설계안을 발전시켜 가는 것도 쉽지 않은 일이었다. 결국 학생들과의 설계안을 실시설계로 발전시 킨 설계사무소의 도움을 받았고, 시공 과정에서 설계가 변경되고 보완되기도 하였다.

개화동은 서울에서 보기 드문 한적한 주택가이고 집집마다 작은 정원을 가 꾸는 정감 넘치는 동네였다. 초여름 처음으로 주민설명회를 열었는데 노심초 사 걱정했던 것에 비해 50여 명의 많은 주민들이 모였고 관심을 가져주었다. 가을에 열린 2회에 걸친 주민참여 설계 워크숍에서는 주민들의 원하는 바를 수렴하였고, 두 개의 설계안 중에서 하나를 주민들이 선택하게 하였다. 하나는

●
개화동 우리동네숲. 주민 들은 현대적인 세련된 디 자인보다 정자목이 있는 자연적인 풍경의 디자인 을 선호하였다.

현대적인 세련된 디자인의 안과 다른 하나는 정자목이 있는 자연적인 풍경의 디자인 안이었다. 설계팀이 원했던 모던한 설계안과는 달리, 대부분 후자를 선호하셨다. 개화동 주민들은 푸근한 시골 정서의 공간을 좋아하신다는 점을 깨달았다.

돌아보건대 개화동 우리동네숲은 주민들의 의견을 반영했지만 설계의 완성도 측면에서 아쉬움이 남는다. 좋은 설계안을 준비하면서 주민들이 잘 구조화된 틀 속에서 참여해야 질 높은 공간을 만들어낼 수 있다는 것을 나중에야 깨닫게 되었다. 그럼에도 우리동네숲이 조성된 후 새로 조성된 나즈막한 언덕과 나무숲 덕분에 인근 주택가의 소음이 10db 정도 줄어들어, 동네 주민들이 편안하게 머무는 공간을 가지게 되었다는 점은 성과라 할 수 있다. 이후 25호까지 만들어진 우리동네숲의 여러 모델에서는 수준 높은 공원 디자인의 예를 많이 발견할 수 있다.

최근 들어 주민과 함께 공공공간을 설계하고 만드는 일을 여러 주체가 다양한 방식으로 추진하고 있다. 그 가운데 서울그린트러스트 역시 지난 7년 동안 우리동네숲 프로젝트를 해오면서 공원을 만들고 가꾸는 우리만의 방식을 배우고 찾아내었다는 점은 분명 의미 있는 일이다.

스토리 셋 -
공원을 플랫폼으로 활용하다

공원은 지역의 사회 문제를 해결하는 플랫폼이다. 지금은 당연히 받아들여지는 생각이지만 따지고 보면 그리 오래된 생각은 아니다. 어쩌면 외국 도시 전문가들과의 교류를 통하여 발전시킨 생각이기도 하다. 서울그린트러스트는 서울숲사랑모임을 만들면서 센트럴파크 컨서번시를 모델로 다양한 프로젝트를 구상하고 실행하였다. 물론 서구의 모델을 따라하는 것이 능사는 아니지만,

좋은 시스템과 프로그램을 우리식으로 번안하여 활착시키는 것은 중요하다. 서울숲사랑모임의 사무국장들은 센트럴파크 컨서번시와 뉴욕시에 방문하여 실질적인 도움을 받았고, 좋은 프로그램을 응용하여 서울숲에서 시도하였다. It's my park day는 뉴욕시 공원에서 진행하고 있는 프로그램으로 하루 날을 정해 지역의 동네 공원을 주민이 직접 청소하고 가꾸는 일을 하는 것이다. 서울숲에서도 It's my park day를 수년째 운영하고 있고, 스타벅스 등의 기업 임직원들이 이 날 서울숲에 와서 자원봉사도 하고 나무도 심는 일을 하고 있다.

세계적인 공원 트렌드와 함께 호흡하고 서로 배우고 학습하는 것은 그러한 의미에서 중요하다. 2008년 피츠버그에서 열린 세계도시공원 컨퍼런스에 참가하여 서울시와 서울그린트러스트의 사례를 외국 전문가와 공유하였다. 서울시와 서울그린트러스트의 공원 조성 및 운영 관리 사례는 좋은 평가를 받았다. 그러나 컨퍼런스에서 우리가 배웠던 점은 공원이 이제 특정 전문 분야가 아닌 사회 문제 해결의 플랫폼으로 활용되고 있다는 점이다. 이 토론의 장에서는 정치인, 행정가, 계획가, 교육자, 아동학자, 생태전문가, 큐레이터, 건축가, 조경가 등 다양한 전문가들이 공원을 어떻게 창의적으로 활용할 것인가를 고민하고 의견을 나누었다. 2012년에도 뉴욕에서 열린 세계도시공원 컨퍼런스에 참여하여 우리의 사례를 세계 여러 전문가들과 논의하였다. 서울그린트러스트가 공원을 매개로 하여 청소년 문제, 노인 문제, 건강 문제, 일자리 문제 등을 해결하려는 시도는 국제적인 교류를 통하여 얻은 착상이다. 그러나 우리는 국제적인 흐름을 따라가는 것만이 아니고 노하우를 전파하기도 하였다. 2011년 대만에서 열린 학회에서 서울그린트러스트의 사례는 크게 주목받았다. 이러한 인연으로, 2012년 서울그린트러스트, 서울대학교, 도시연대가 공동주최하여 '환태평양 커뮤니티 디자인 네트워크' 회의를 유치하였다. 이를 통하여 인근 나라와 한국 커뮤니티 디자인의 사례를 한 자리에 모을 수 있었고, 글로벌한 차원에서 커뮤니티 운동에서의 리더십을 발휘할 수 있었다.

이제 공원은 다양한 사회 문제 해결의 플랫폼으로서 기능하기 시작했다. 사진은 녹색공유센터가 동네 사랑방으로서의 역할을 톡톡히 해낸 서울숲 동네 꽃축제 모습

2013년 10월 동시에 벌어진 서울숲 가을 페스티벌과 성수동 꽃축제는 주목할 만하다. 서울숲 가을 페스티벌에서는 고등학생들이 스스로 축제 프로그램을 기획하고 '서울숲은 보물섬이다' 라는 기치 아래 여러 프로그램을 자원봉사자들이 운영하였다. 토요일 오후 서울숲에서 많은 가족들이 프로그램을 즐기는 과정을 관찰하면서 공원이 플랫폼의 역할을 충실히 수행하고 있다는 점을 확인할 수 있었다. 서울숲 동네 꽃축제는 녹색공유센터를 동네의 사랑방 역할을 하게하고 '화목한 수레' 들이 동네 곳곳으로 꽃을 심는 일을 전파하면서 주민들을 소통하게 하는 의도에서 준비되었다. 이러한 축제를 통하여 동네 주민들이 즐겁게 녹색 문화를 나누는 자리에 참여하였고, 동네 이미지 변화에도 일정 부분 성공하였다. 작은 실천이지만 녹색을 통한 도시 재생의 단초를 찾을 수 있는 가능성이 있는 시도였다.

스토리 넷 -
서울화목원의 꿈, 식물원을 기부와
정원 문화의 거점으로 만들다

서울그린트러스트는 10주년을 맞이하여 새로운 10년의 꿈을 꾸고 있다. 그 중 하나는 마곡에 들어설 식물원 조성과 운영 관리에 기여하는 것이다. 서울시는 지난 8월 21일 가칭 '서울화목원' 이라 명명된 마곡중앙공원 기본계획을 발표하였다. 나는 지난 4월부터 총괄계획가로 일하면서 이 일은 서울시만의 노력으로는 이룰 수 없고, 여러 사람들이 힘을 합쳐야 한다는 생각을 하게 되었다.

서울화목원은 마곡지구에 들어서는 503,431㎡의 공원으로서 6만㎡의 도시형 식물원이 공원과 결합된 새로운 유형의 공원이다. 그래서 영문 명칭은 'Seoul Botanic Park' 이다. 왜 굳이 식물원을 공원과 결합시켰을까? 대부분의

●
혼자의 꿈을 여럿이 꾸게
하여 현실로 바꾸는 일,
서울그린트러스트의 앞
으로의 10년에 주어진 행
복한 숙제이자 과제이다.

세계 도시들은 도시민이 사랑하고 자랑하는 식물원을 하나쯤 가지고 있다. 그
런데 서울은 남산식물원이 철거된 후 서울을 대표하는 식물원이 없는 실정이
다. 식물원은 한 도시의 문화 수준을 가늠하는 척도이다. 그러한 관점에서 서
울에 도시형 식물원이 절실히 필요한 상황이다. 이 도시형 식물원은 식물 연구
보다는 전시 교육이 강조되고, 지역 사회에 정원 문화를 보급하고 전파하는 역
할이 중시된다.

　앞으로도 서울화목원을 만드는 데 여러 전문가들이 그동안의 노하우를 활용
하여 기여할 것이다. 그리고 모든 사람들이 정성들여 좋은 공간을 만들 것이라
기대한다. 다만 핵심시설인 식물원의 경우는 5000여종을 보유한 아시아 최고

수준을 목표로 하고 있다. 좋은 식물원을 잘 만들고 운영하기 위해서는 시민과 기업의 후원이 절대적으로 필요하다. 100여년의 역사를 지닌 뉴욕 식물원과 브루클린 식물원도 온실 등 건축물을 짓거나 연구 및 전시 등의 콘텐츠를 확보하는 데 민간의 기부와 참여를 기반으로 하였다. 서울그린트러스트와 느슨한 연대를 지니는 '숲과 정원을 사랑하는 리더스 클럽'을 준비하는 이유도 여기에 있다. 뉴욕 식물원의 현재가 있기까지 밴더빌트, 카네기, 모건 등의 뉴욕 기업가들의 기여는 절대적이었다. 향후에 서울시가 식물원의 추진 체계와 운영 방식에 대한 밑그림을 잘 준비하겠지만, 뉴욕 식물원처럼 시의 재정 지원을 받지만 독립된 의사결정 체계로 운영되는 파트너십 방식이 바람직할 것으로 생각된다.

식물원의 인프라가 구축되면 식물과 관련된 문화예술 및 자연과학에 대한 다양한 전시 프로그램과, 각종 가드닝 및 원예 교육 프로그램이 운영될 것이다. 정원 문화 확산과 보급의 거점으로 이 식물원은 서울시민들이 자발적으로 내 집과 우리 동네에 꽃과 나무를 심고 가꾸는 데 큰 기여를 할 것이다. 서울그린트러스트가 서울화목원을 조성하고 운영하는 데 담당해야 할 몫이 크다고 믿는다. 그러기 위해서는 여러 부문의 민간 차원의 역량을 결집하는 준비도 필요할 것이다.

마치며 -
함께 꾸는 그린 드림

나는 앞으로 서울의 미래는 밝다고 생각한다. 내가 태어나서 살아온 서울의 변화를 돌아보면 동네의 언덕과 하천, 골목길, 그리고 살던 집의 정원은 사라졌다. 개발의 시대에는 서울이 지닌 땅의 가치, 오래 누적된 소소한 일상과 장소의 가치를 우리 모두가 잘 알지 못했다. 최근에 이에 대한 반성으로 생활 속 자

2013년 10월에 개최된
서울그린트러스트 10주
년 기념 후원의 밤

연의 중요성이 새롭게 인식되고 있다. 앞으로는 남겨진 자연의 인프라를 잘 보존하리라 기대해본다. 시민들의 인식이 달라졌기 때문이다.

그동안 개발을 하면서도 우리는 주변에 좋은 공원도 많이 만들었다. 앞으로도 서울시와 서울그린트러스트는 2천 개가 넘는 동네의 작은 공원의 가치를 증진하고자 많은 노력을 할 것이다. 서울 둘레길을 비롯하여 곳곳의 마을 녹색길도 연결하고자 할 것이다. 몇 년 후 서울화목원이 조성되고, 또 몇 년 후에 용산공원이 문을 열면, 서울시민들은 보다 더 풍부하고 다채로운 공원 문화를 향유할 수 있을 것이다.

이러한 미래가 서울시민 모두가 꿈꾸는 '그린 드림'이다. 서울그린트러스트가 혼자의 꿈을 여럿이 꾸게 하여 꿈을 현실로 바꾸는 일에 앞장설 것을 약속한다.

지은이들

김완순 / 서울시립대학교 환경원예학과 교수

서울그린트러스트 우리동네숲 · 정원위원장을 맡고 있다. 한국원예학회 총무이사, 2013년 서울꽃상 심사위원장 등의 활동을 통해 정원 · 원예 분야의 중견 리더로 많은 역할을 하고 있다.

김인호 / 신구대학교 환경조경과 교수

서울그린트러스트 운영위원장을 맡고 있으며, 신구대학교 식물원 원장이기도 하다. 생명의숲에서 전개하고 있는 학교숲운동을 비롯, 한국의 도시숲 · 도시공원을 무대로 한 시민참여 운동의 핵심 리더이다.

안계동 / 동심원조경기술사사무소 소장

서울숲을 설계한 우리나라의 대표적인 조경가이다. 설계를 마무리한 순간 설계자의 역할이 끝나는 경우가 대부분인 현실에서, 지난 10년간 서울숲사랑모임을 통해 지속적으로 재능 기부를 하며 서울숲의 성장과 함께 하고 있다.

양병이 / 서울대학교 환경대학원 명예교수

우리나라 1세대 조경학자로서, 현재 서울그린트러스트 이사장뿐만 아니라 한국내셔널트러스트 이사장도 맡고 있다. 한국의 도시숲과 도시공원을 만들고 지켜온 산 증인이다.

오충현 / 동국대학교 바이오환경과학과 교수

서울그린트러스트 이사로 활동하고 있으며, 우리동네숲위원회 위원장도 역임하였다. 우리나라를 대표하는 실천적인 도시생태학 연구자이다. 최근 스쿨팜, 도시농업과 관련해서도 많은 연구를 진행하고 있다.

온수진 / 서울시 푸른도시국

길동생태공원에 자원봉사 제도를 도입하는 등 서울시 도시공원 분야에서 시민참여를 이끌어 온 혁신적인 공무원이다. 선유도공원 소장 재임 시절 공원과 문화를 연계하는 다양한 프로그램을 기획하는 등, 새로운 방식의 공원 운영에서 돋보이는 역할을 해왔다.

이강오 / 서울그린트러스트 사무처장

생명의숲에서 시작한 숲운동에 이어서, 서울그린트러스트에서 10년째 실무 리더 역할을 맡고 있다. 욕심도 많고 고민도 많은 사회운동가이다.

이근향 / 예건디자인연구소 소장

서울그린트러스트 상근 사무국장으로 5년간 활약하였으며, 현재는 운영위원으로 자원봉사하고 있다. 서울숲사랑모임의 초기 성장과 발전에 절대적인 역할을 하였으며, 공원 운영과 시민참여 분야의 대표적인 전문가이다.

이민옥 / **서울숲사랑모임 코디네이터**
- 2003년 봄 나무 심기부터 5번에 걸친 나무
  심기에 가족과 함께 한 번도 빠지지 않고
  참여한 진정한 '서울숲 지킴이'이다. 서울
  숲 자원활동가로 시작하여 지금은 상근활
  동가로 일하고 있다. 남편과 두 딸 역시 서
  울숲의 훌륭한 자원봉사자이다.

이한아 / **서울그린트러스트 사무국장**
- 문화기획자로 출발하였으나, 2005년 서울
  숲사랑모임에 합류하면서 공원 운영자로
  활약하고 있는 시민참여 공원 운영의 30대
  리더이다. 20주년 서울그린트러스트 책을
  준비하고 있다.

정욱주 / **서울대학교 조경 · 지역시스템공학부 교수**
- 우리나라의 대표적인 40대 조경가로, 서울
  시립 지적장애인복지관에 우리동네숲 · 정
  원 설계를 하였으며, 공사가 완료된 후에도
  3년 동안 매달 복지관에 찾아가 학생들과
  함께 정원 관리 봉사를 하고 있다.

조경진 / **서울대학교 환경대학원 교수**
- 서울그린트러스트 상임이사를 맡고 있으
  며, 서울시 공원총감독으로도 활약하고
  있다. 현대 도시공원의 사회문화적 의미
  를 새로운 시각에서 조명하는 다양한 저
  술 활동과 연구를 지속적으로 해나가고
  있다.

허진숙 / **서울숲사랑모임 1기 자원활동가**
- 성동구에 사는 평범한 아줌마에서, 2009
  년 150명에 달하는 서울숲 자원활동가를
  이끄는 리더로 활동하였다. 당시 서울숲
  자원활동가의 아이콘과 같은 존재였다. 지
  금은 양평으로 귀농하여 살고 있지만, 아
  직도 매주 한 번씩 서울숲에서 자원봉사를
  하고 있다.

* 지은이 소개는 글쓴이들에게 부탁하지 않고,
이 책을 엮은 이강오 사무처장이 10년의 추억
을 반추하며 작성하였습니다.

* 사진 출처 _ 이 책에 실린 대부분의 사진은
서울그린트러스트와 서울숲사랑모임 사무국
직원들과 자원활동가들이 촬영하였습니다.
이외에 문화일보 사진기자 김선규 님이 촬영
한 서울숲 사진과 생활녹화경진대회에 출품
된 사진이 수록되었습니다. 생활녹화경진대
회 출품자는 암탉 우는 마을, 이화마루, 문래
도시텃밭, 반포본동 주공아파트, 하계한신아
파트와 한신에코팜, 청룡초등학교 등이며, 여
성환경연대에서 협조 받은 사진도 수록하였
습니다. 서울그린트러스트의 10년을 사진으
로 남겨주신 모든 분들에게 감사드립니다.